教育部高等学校材料类专业教学指导委员会规划教材

国家级一流本科课程教材

材料概论

邱军 袁伟忠 林健 孙振平 编著

INTRODUCTION TO MATERIALS

U0231013

化学工业出版社
·北京·

内容简介

《材料概论》是教育部高等学校材料类专业教学指导委员会规划教材。教材以材料在社会发展中的作用为主线展开，从材料在社会发展中的地位讲起，内容涉及材料科学基础知识；当代社会发展的关键材料，包括钢铁材料、建筑材料、航空航天材料、生态环境材料、生物医用材料；引领社会进步的未来材料，包括微电子材料、光电子材料、新能源材料、纳米材料和智能材料。通过教材了解材料在人类社会发展中的支撑作用和引领地位，培养学生的社会责任感和爱国、敬业等社会主义核心价值观，培养强烈的创新意识和进一步学习材料专业的兴趣与动力。

本书可作为高等院校材料类相关专业的导论课教材，也可作为理工、经管、医学等专业的通识课教学用书，还可作为与材料有关的生产、施工、管理、监理等各类工程技术人员的参考书。

图书在版编目（CIP）数据

材料概论/邱军等编著．—北京：化学工业出版社，2024.5
ISBN 978-7-122-45223-8

Ⅰ.①材… Ⅱ.①邱… Ⅲ.①材料科学-高等学校-教材 Ⅳ.①TB3

中国国家版本馆 CIP 数据核字（2024）第 054212 号

责任编辑：陶艳玲　　　　　　　文字编辑：王丽娜
责任校对：刘　一　　　　　　　装帧设计：史利平

出版发行：化学工业出版社
　　　　　（北京市东城区青年湖南街 13 号　邮政编码 100011）
印　　刷：三河市航远印刷有限公司
装　　订：三河市宇新装订厂
787mm×1092mm　1/16　印张 11¼　字数 245 千字
2024 年 7 月北京第 1 版第 1 次印刷

购书咨询：010-64518888　　　　售后服务：010-64518899
网　　址：http://www.cip.com.cn
凡购买本书，如有缺损质量问题，本社销售中心负责调换。

定　　价：39.00 元　　　　　　　版权所有　违者必究

前 言

　　人类文明的发展史就是一部利用材料、生产材料和创造材料的历史。材料是人类社会生活的物质基础，可以说没有材料就没有当今的人造世界。放眼当今世界，我们创造的建筑材料成为了现代城市的物质基础，带来了世界的繁荣；我们创造的钢铁材料成为了现代工业的基石，极大地提升了人类改造世界的能力；我们创造的航空航天材料实现了人类的飞翔梦想，拉近了不同地域人们的距离；我们创造的生态环境材料成为了美丽社会的支撑，实现了人类美好的生活；我们创造的生物医用材料成为了人类健康长寿的保障，提高了人类生活的质量。同时，材料是人类社会进步的里程碑，成为引领人类社会发展的引擎。我们创造的微电子材料打开了人类通往未来的钥匙，逐步改变人类的生产方式；我们创造的光电子材料成为沟通世界的纽带，人类正在步入万物互联的世界；我们创造的新能源材料成为人类可持续发展的根基，正在突破人类发展的瓶颈；我们创造的纳米材料成为攻克前沿科学与技术难题的法宝，正在解决世界发展的难题；我们创造的智能材料成为智能型社会的支撑，升华了人类改造世界的能力。

　　《材料概论》教材以材料在社会发展中的作用为主线展开，从材料在社会发展中的地位讲起，内容涉及材料科学基础知识；当代社会发展的关键材料，包括钢铁材料、建筑材料、航空航天材料、生态环境材料和生物医用材料；引领社会进步的未来材料，包括微电子材料、光电子材料、新能源材料、纳米材料和智能材料，以使读者通过教材内容了解材料在人类社会发展中的支撑作用和引领地位。其中第1章、第2章、第11章和第12章由同济大学邱军教授编写；第3~5章由同济大学林健教授编写；第6~8章由同济大学袁伟忠教授编写；第9章和第10章由同济大学孙振平教授编写。全书由邱军教授和袁伟忠教授统稿。

　　同济大学"材料概论"课程从2006年开始在材料科学与工程专业开设，作为一年级本科生的入门导论课。该课程一直以来由材料学院知名教授组成的课程教学团队授课，深受学生喜爱，经过多年打磨，已经成为材料专业的品牌课程，同时成为上海市材料专业课程思政链的思政课程。2018年教学团队完成了"材料概论"的线上课程建设，在同济大学校内平台运行，并开始采用线上线下混合模式教学。线上课程于2019年在智慧树网站正式上线，面向全国高校学生开放。2019年，同济大学开展人才培养模式改革，进行专业大类招生、大类培养和大类管理联动，所有一年级新生都要进入新生院进行基础和通识课程学习。由此，"材料概论"更名为大类导论课，统一课名"专业导论"，并继续开展线上线下混合教学模式教学。2020年该课程被选为上海市重点课程，同年被智慧树在线平台列为

TOP100 精品课程。2021 年教材被列入教育部高等学校材料类专业教学指导委员会规划教材进行立项建设。2023 年"材料概论"课程被评为国家级一流本科课程。

本书作为高等院校材料类相关专业的导论课教材，以及理工、经管、医学等相关专业的通识课教材，通过大量生动案例突出材料在社会发展中的作用，培养学生的社会责任感和爱国、敬业等社会主义核心价值观，培养学生强烈的创新意识，激发学生改造世界的愿望，为创造更美好的世界做出自己的贡献。

本书在编写过程中参考了大量相关教材、专著和论文，也参考了网站中相关的报道、图片、视频等内容，在此一并表示感谢。本书作为导论课和通识课教材，编者力求用科普的语言讲述材料专业知识，有的说法可能不够准确，同时限于编者的水平，书中难免有不妥之处，敬请读者批评指正。

编著者

2024 年 2 月

目 录

第1章　材料——人类社会进步的里程碑

1.1　材料及其社会作用　/ 1
1.2　石器时代　/ 2
1.3　青铜时代　/ 5
1.4　铁器时代　/ 5
1.5　水泥时代　/ 7
1.6　钢铁时代　/ 8
1.7　硅时代　/ 9
1.8　新材料时代　/ 11
1.9　结语　/ 14
思考题　/ 15

第2章　材料科学与工程专业的科学基础

2.1　材料科学与工程专业的主要学习内容　/ 16
2.2　材料结构基础　/ 18
　　2.2.1　化学键和分子间作用力　/ 20
　　2.2.2　晶体和非晶体结构　/ 24
2.3　结语　/ 26
思考题　/ 27

第3章　微电子材料——通往未来的钥匙

3.1　信息技术与微电子技术　/ 28

3.2 微电子技术的发展历程 / 28

3.3 集成电路基片制造技术 / 32

3.4 集成电路芯片制造技术 / 34

    3.4.1 MOS 场效应晶体管 / 34

    3.4.2 集成电路芯片的制造过程 / 35

    3.4.3 光刻机 / 36

    3.4.4 集成电路芯片制造的发展趋势 / 37

3.5 集成电路的应用与发展 / 37

3.6 结语 / 39

思考题 / 39

第4章 光电子材料——沟通世界的纽带

4.1 光电子技术及其发展 / 40

4.2 新时代的利刃——激光 / 41

4.3 光纤通信技术 / 43

4.4 信息显示技术 / 46

4.5 结语 / 49

思考题 / 50

第5章 新能源材料——可持续发展的根基

5.1 能源、新能源与新能源材料 / 51

5.2 太阳能技术及其材料 / 52

    5.2.1 太阳能的利用方式 / 53

    5.2.2 太阳能电池技术的发展趋势 / 54

5.3 能量存储技术与新能源汽车 / 55

5.4 锂离子电池与超级电容器 / 56

    5.4.1 锂离子电池 / 56

    5.4.2 超级电容器 / 58

5.5 燃料电池 / 59

5.6 结语 / 61

思考题 / 61

第**6**章　　生态环境材料——美丽社会的支撑

6.1　环境污染触目惊心　／　62

6.2　白色污染与生物降解高分子材料　／　63

　　6.2.1　白色污染　／　63

　　6.2.2　生物降解高分子材料　／　64

6.3　水处理膜材料　／　68

6.4　石油泄漏的克星——油水分离海绵　／　72

6.5　结语　／　75

思考题　／　75

第**7**章　　航空航天材料——实现人类的飞翔梦想

7.1　人类飞翔梦想与中国航空航天成就　／　76

7.2　航空航天发动机材料　／　79

7.3　航空航天复合材料　／　84

7.4　航空航天隐身材料　／　88

　　7.4.1　隐身涂料　／　88

　　7.4.2　激光隐身材料　／　90

　　7.4.3　新型隐身材料发展趋势　／　91

7.5　结语　／　91

思考题　／　92

第**8**章　　生物医用材料——人类健康长寿的保障

8.1　人类健康面临的挑战　／　93

8.2　生物医用材料与健康　／　93

8.3　现代诊断系统　／　94

8.4　先进控制释放系统　／　97

8.5　骨组织工程支架材料　／　100

　　8.5.1　骨组织工程支架材料的性能要求　／　101

　　8.5.2　骨组织工程支架材料的分类　／　101

　　8.5.3　新型骨组织工程支架材料　／　102

8.6　结语　／　105

思考题　／　105

第9章　钢铁——现代工业的基石

9.1　钢铁在工业革命和国民经济发展中的重要作用　/　106

9.2　中国的钢铁产量及钢铁在国民经济中的地位　/　108

9.3　钢材基本知识　/　109

　　9.3.1　钢材的分类　/　109

　　9.3.2　钢材性能的影响因素　/　111

9.4　特种钢材——现代工业的重要保障　/　116

9.5　结语　/　122

思考题　/　122

第10章　建筑材料——现代城市的物质基础

10.1　智慧生态——现代城市的发展方向　/　123

　　10.1.1　城市的概念　/　123

　　10.1.2　城市等级划分　/　123

　　10.1.3　超快的城市化进程与随之而来的问题　/　124

　　10.1.4　从绿色城市向智慧生态城市迈进　/　125

10.2　绿色建材　/　126

　　10.2.1　更高大的建筑对建筑材料的需求　/　127

　　10.2.2　更复杂的建筑对建筑材料的需求　/　127

　　10.2.3　更美观的建筑对建筑材料的需求　/　132

　　10.2.4　更节能的建筑对建筑材料的需求　/　134

10.3　结语　/　139

思考题　/　139

第11章　纳米材料——攻克前沿科学与技术难题的法宝

11.1　纳米与纳米材料　/　140

11.2　纳米材料的特性和四大效应　/　148

　　11.2.1　纳米材料的特性　/　148

　　11.2.2　纳米材料的四大效应　/　149

11.3　纳米技术的应用　/　151

11.4　结语　/　155

思考题　/　156

第12章　智能材料——智能型社会的支撑

12.1　智能材料概论　/　157

12.2　智能材料设计　/　159

12.3　仿生智能材料　/　161

12.4　智能材料的应用　/　163

12.5　结语　/　167

思考题　/　168

参考文献

第 1 章

材料——人类社会进步的里程碑

1.1 材料及其社会作用

　　人与动物的区别是什么？大家都知道，人可以制造和使用劳动工具。那么人类用什么来制造劳动工具呢？答案就是材料，材料的英文为 materials。材料到底是什么呢？给材料做个定义：材料是人类用于制造各种产品和有用物件的物质。材料是人类社会生活的物质基础，可以说没有材料，就没有当今的人造世界。

　　图 1.1 是大家都熟悉的元素周期表，可以看到在周期表中有很多元素都带金字旁，这部分元素就称为金属元素，由这些金属元素所组成的材料就是金属材料。再看右侧这一部分，深灰色部分的元素称为非金属元素，由它们的单质和化合物所组成的材料就是非金属材料。就 14 号元素硅来讲，单晶硅是构成芯片的主要材料；硅和氧与前面的金

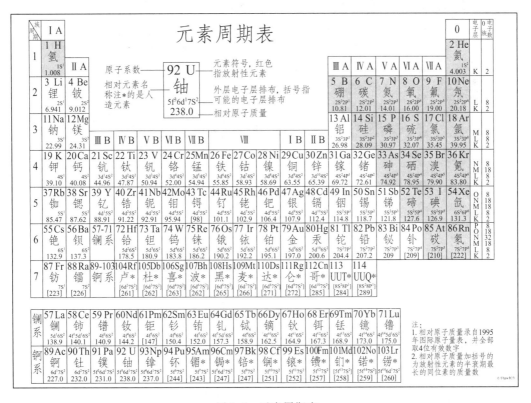

图 1.1　元素周期表

属元素，比如说钙等组成的硅酸钙等硅酸盐，是水泥或玻璃的主要成分。再看 6 号元素碳，碳、氢、氧是构成有机体的主要元素，把以碳、氢、氧元素为主构成的材料称为高分子材料。

因此，从材料的组成来看，材料可以分为金属材料、无机非金属材料和高分子材料。随着对材料认识的加深，人们发现如果把这三类材料分别组合就可以产生更多新的性能的材料，这类材料称为复合材料。图 1.2 是材料的年代谱图，可以看到在人类社会的早期，主要用到的都是天然材料；而到了 20 世纪初，金属材料占半壁江山；到了现代，金属材料、高分子材料、无机非金属材料和复合材料这四类材料精彩纷呈，各自发挥着独特的社会作用。

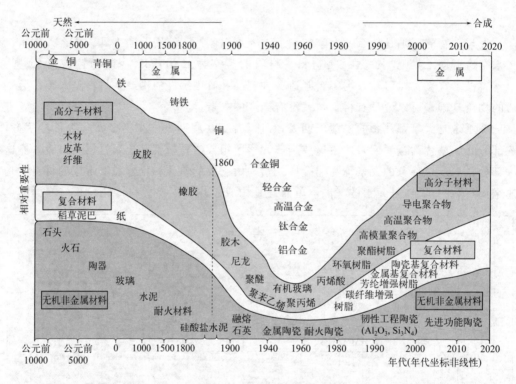

图 1.2　材料年代谱图

在很长的一段历史时期，人类发展的时代就是用材料来命名的。最早的石器时代，到青铜时代，再到铁器时代，而到今天可以说是新材料时代。因此，可以说材料是人类社会进步的里程碑，人类文明的发展史就是一部利用材料、制造材料和创造材料的历史。

1.2　石器时代

我们可以按照人类社会发展的时代脉络来了解各类材料。首先是石器时代，石器时代又分为旧石器时代和新石器时代。旧石器时代又被称为原始社会，人类主要是用石头、骨头和木材来制造简单的工具。图1.3展示的就是旧石器时代人们的劳动工具与衣物。那时人们的工种也很简单，也就是捕鱼、打猎和采果子等几种。

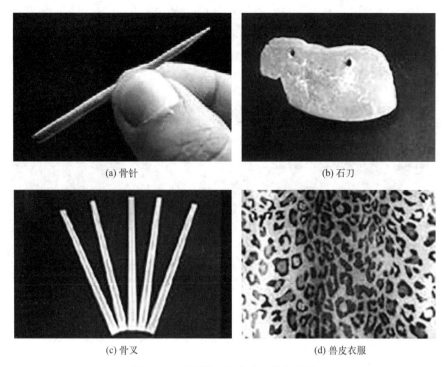

(a) 骨针　　　　　　　　　　　　　　(b) 石刀

(c) 骨叉　　　　　　　　　　　　　　(d) 兽皮衣服

图1.3　旧石器时代劳动工具与衣物

经历了漫长的几十万年的发展，人类社会从公元前8000年的时候进入新石器时代。新石器时代的重要标志之一就是陶器。

在这里顺便简单介绍一下，中国自新石器时代以来，有几千年的陶器和瓷器制造的历史。图1.4展示的是中国历史上几件非常著名的陶器：半坡文明的陶盆、仰韶文明的白陶瓶、商代的陶酒樽和唐朝的唐三彩马俑。这些陶器制作非常精美，足以说明古代中国制陶工艺的先进。中国制陶至少有8000年的历史，当时陶器被人们大量用作农耕工具，因此农业生产效率大幅度提高，人类社会的第一次产业革命——农业革命正式开始。农业革命最终导致了原始社会的解体，这就是陶器对社会发展的促进作用。

(a) 半坡陶盆　　　(b) 仰韶白陶瓶　　　(c) 商陶酒樽　　　(d) 唐三彩马俑

图1.4　中国古代不同时期代表性陶器

图 1.5 展示的是闻名世界的兵马俑。可以看到俑兵脸部的表情、神态各异，栩栩如生，无疑展示了古代中国制陶工艺的精湛。因此，陶可以说是人类第一次有意识地创造发明自然界没有的，并且具有全新性能的新材料。陶就是用黏土作为原材料，通过高温烧结反应制成有一定强度的硅酸盐或硅铝酸盐。从此，人类就离开了上天的赐予，而进入自主创造新材料的时代。恩格斯曾经论述，人类从低级阶段向文明阶段的发展，是从学会制陶开始的。

图 1.5　兵马俑

陶瓷是陶和瓷的简称，其实陶和瓷有明显的不同。首先是陶和瓷的烧制原材料不同。陶是用黏土烧成的，也就是地面稍微深一点、有一定黏度的土；而瓷用的是瓷土，最好的瓷土就是景德镇的高岭土，这就是我国烧制最好的陶瓷是景德镇瓷器的缘由。其次是烧成温度不同。陶的烧制温度在 1000℃ 左右，瓷的烧制温度在 1200℃ 以上，所以瓷器质地更为致密。

图 1.6 展示的是景德镇的四大传统名瓷。青花瓷，明净雅致；玲珑瓷，晶莹剔透；粉彩瓷，柔和粉润；颜色釉瓷，万紫千红。这些陶瓷都被打上了一个响亮的名字，China，这是外国人对中国这个国度的称呼，中国因为陶瓷而享誉世界。

(a) 青花瓷　　　　(b) 玲珑瓷　　　　(c) 粉彩瓷　　　　(d) 颜色釉瓷

图 1.6　景德镇四大传统名瓷

1.3 青铜时代

青铜器是在公元前 4500 年到公元前 1000 年这段时间出现的。铜的熔点比较低，1083℃，因此，可以推测古代人们在烧制陶瓷的时候将铜单质烧出来了，即含铜矿石先经过氧化反应再在高温条件下被碳还原得到了单质铜。铜本身的强度比较低，所以不能用于制造劳动工具。当人们把锡和铜放在一起冶炼的时候，就得到了强度很高、耐磨性很强的合金，被称为青铜合金，从此，人们就开始学会了制备青铜器。在春秋战国时期的《考工记》中记载了人们如何通过配制青铜原材料来制造不同青铜器。在古埃及的古墓壁画中也记录了冶炼青铜的场景 [图 1.7（a）]。图 1.7（b）中展示了公元前 4000 年左右苏美尔文明中的青铜塑像，还有我国古代用青铜所制造的兵器和农具 [图 1.7（c）～（e）]。正是这些青铜器农具的使用，极大地提高了社会生产力，也使得金属冶炼技术快速发展，出现了社会大分工，使手工业从农业中分离出来。也可以说这是现代制造业的前身。

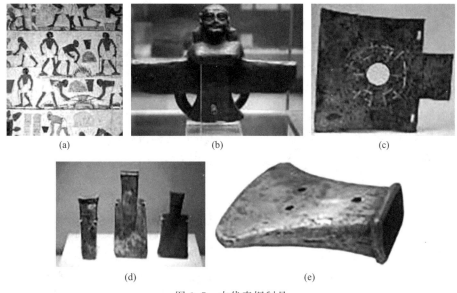

(a) (b) (c)

(d) (e)

图 1.7　古代青铜制品

图 1.8 中展示的是我国古代所用的青铜器。比如秦始皇陵的铜车马、曾侯乙编钟、后母戊鼎、三足鸟，还有非常著名的越王勾践使用的剑。这些青铜器足以反映出我国古代人们在青铜器制造方面取得的伟大成就。

1.4 铁器时代

在公元前 1400 年，人类社会就进入了铁器时代。其实人类最早认识的铁是来自外

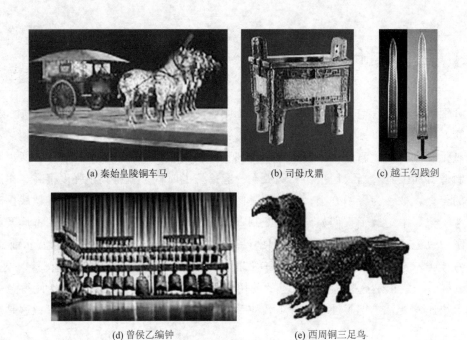

(a) 秦始皇陵铜车马　　　　　　(b) 司母戊鼎　　　　　　(c) 越王勾践剑

(d) 曾侯乙编钟　　　　　　　　(e) 西周铜三足鸟

图1.8　中国古代青铜制品

星的陨铁。人类最早发现的铁器是来自赫梯文明的铁器，大约在公元前1400年。图1.9（a）是我国十七世纪大百科全书《天工开物》记载的冶炼金属的场景，这足以证明我们的祖先在金属冶炼方面的成就。铁又是怎么产生的呢？这与青铜器冶炼有关，在炼制青铜器的时候，冶炼温度已经达到了1000℃。人们为了降低冶炼青铜器原料的熔点，往原材料里加入氧化铁。那么在高温条件下的氧化铁就会被碳还原，变成单质铁。当温度高于1538℃时，单质铁就以铁水的形式熔出。图1.9（b）和（c）展示了早期人们炼铁的实景和用铁制造的车轮。

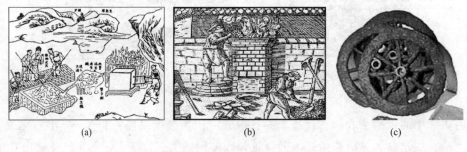

(a)　　　　　　　　　　(b)　　　　　　　　　　(c)

图1.9　古代冶铁场景

由于铁制农具的强度、硬度都比青铜器要高很多，所以，铁制农具很快大规模被使用，比如图1.10中的曲辕犁、镐、锹等农用工具。铁器的使用使农业生产效率大大提高，促使一些民族从原始社会发展到奴隶社会，也推动了一些民族脱离奴隶制的枷锁，进入了封建社会。因此，铁器极大地促进了人类社会的进步。

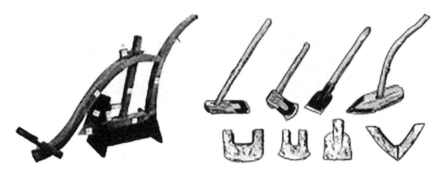

图 1.10 古代铁制农具

1.5 水泥时代

水泥时代是从公元元年开始的。在介绍水泥之前,先看看古代石制建筑的奇迹,见图 1.11。图 1.11(a)是金字塔,金字塔建于公元前 2560 年左右,至今保持完好;图 1.11(b)是中国的长城,始建于公元前 5 世纪中期;图 1.11(c)是玛雅古城,建于公元 5 世纪;图 1.11(d)是古希腊的巴特农神庙,始建于公元前 447 年。石制的建筑结实耐用,人们惊诧于古人是如何用这么沉重的石块造出这样宏伟的建筑。中国至今还有孟姜女哭长城的故事,人们也一直在推测埃及金字塔当时是如何建成的。人们也曾一直在探索可否用土沙这些易得的材料建造这样坚固的建筑,直到水泥在古老的英国被发明了。

(a) 金字塔

(b) 长城

(c) 玛雅古城

(d) 巴特农神庙

图 1.11 古代石制建筑

水泥就是用自然界的矿石烧出来的一种无机胶凝材料，具有很好的粘接性。如果将水和水泥混到一起，就可以把砂石等粘接起来。混凝土就是用水泥和水，还有一些砂石按照一定的配比混合制得的一种强度很高的类似于石头的材料。所以，混凝土还有一个名字叫砼（tóng）。砼是中国自己造的字，由"人工石"三个字组成。后来人们又在混凝土中加入钢筋增加抗拉强度和韧性，就得到了钢筋混凝土。人们利用钢筋混凝土建造了今天的高楼大厦以及现代化的城市。因此，可以说混凝土材料铸造了世界。

图 1.12 是用混凝土制造的举世闻名的三峡大坝，大坝全长 2309 米，坝高 185 米，于 2006 年全部建成，是三峡水电站的主体工程。这充分反映出我国在混凝土材料利用和制造方面的巨大成就。

图 1.13 是另外一个混凝土使用的实例，港珠澳大桥。港珠澳大桥于 2018 年通车，是一座连接中国香港、珠海、澳门的超大型跨海大桥，将香港和澳门这两个失散多年回归的海外游子与祖国大陆紧紧连在一起。它是目前世界上最长的跨海大桥，是世界造桥史上的一大壮举，充分显示了中国现代制造业的强大。

图 1.12　三峡水电站

图 1.13　港珠澳大桥

现代城市是人类文明的承载地，人们生活、学习在现代城市中。那么城市建设的基础是什么呢？答案就是高性能的混凝土、高强度的钢铁和玻璃等建筑材料。这就是材料的社会作用，也充分印证了"没有材料就没有今天的人造世界"这一事实。

1.6　钢铁时代

钢铁时代是从 19 世纪下半叶开始的。钢和铁到底有什么区别呢？主要是含碳量的不同。铁是含碳量在 1.7% 以上的铁碳合金；钢的含碳量更少，一般在 0.02%～1.7% 之间。低含碳量赋予了钢更好的强度和韧性，因此广泛地应用于工业制造中。正因为钢的出现，在 18 世纪 60 年代到 19 世纪 40 年代发生了人类社会的第一次工业革命。第一次工业革命代表性装备就是珍妮纺纱机和瓦特改良的蒸汽机。这些工业设备的出现，极大地促进了纺织工业和交通运输业的发展（图 1.14）。手工劳动向动力机械生产转变，农业社会向工业社会转变，资产阶级和无产阶级就出现了。高性能材料钢的发明和使用，使人类社会进入了快速发展期。

随着对钢的使用和认识的加深，人们发现了各种各样的金属合金等高强材料。因此，从 19 世纪下半叶到 20 世纪中叶，人类社会进入了第二次工业革命时期。第二次工业革命极大地推动了汽车和飞机等工业的发展，比较典型的代表就是法拉第通过电磁感应原理发明了发电机。接下来，大发明家爱迪生把电传递到千家万户，人类社会进入了光明的时代。之后贝尔发明了电话，人们可以远距离传递信息。汽车和飞机等现代化交通工具也接二连三被制造出来，世界的距离

图 1.14　钢铁时代的代表性装备蒸汽机车

变得越来越近了，人们的交往变得越来越频繁，现代化的繁荣社会出现了。

下面介绍利用金属材料建造的标志性建筑，见图 1.15。埃菲尔铁塔位于法国巴黎，是一个仿照人体骨头而建的镂空结构的铁塔。该塔总共用了优质钢铁 7000 吨，有 12000 个金属部件，250 万个螺栓和铆钉，总高 324 米，是当时欧洲最高的建筑。这是当时人类社会使用金属材料的最高水平。金门大桥坐落在美国旧金山，是世界上第一座距离超过 1000 米的悬索桥，用了 10 万多吨的钢材，花费四年的时间建造而成，全桥的长度是 2737.4 米。

(a) 埃菲尔铁塔

(b) 金门大桥

图 1.15　世界著名钢铁建筑

1.7　硅时代

硅时代大约是从 1950 年开始的。硅是计算机中的核心原材料，材料科学的发展是计算机飞速发展的基础。计算机的发展经历了从电子管到晶体管，到今天的集成电路时代。电子管用钨、钼这样的材料作为电极，晶体管主要用锗、硅这些半导体材料，集成电路则大量使用了单晶硅材料。从集成电路产业链结构来看，单晶硅和多晶硅都是以沙

子为原料，经过还原反应得到硅晶体；再把这些晶体切成晶元，在此基础上经过芯片设计、刻蚀等技术，最终变成芯片。由芯片构成线路板，组装到计算机，然后把计算机应用到各个行业。因此，可以看到材料是集成电路产业的重要支撑，没有单晶硅这样的先进材料，就没有集成电路和计算机。

电脑和智能手机制造的核心技术就是芯片，见图 1.16（a）。芯片是将各种集成电路和元件刻蚀在单晶硅片上的一个综合体。芯片是电器产品线路板的核心，而线路板的载体是覆铜板［图 1.16（b）］，覆铜板是由高度绝缘和低损耗的玻璃纤维增强高分子复合材料制成的。

(a)   (b)

图 1.16　芯片（a）和覆铜板（b）

手机和电脑中小小的芯片是怎样来的呢？通常是通过电子封装技术把芯片与手机等电器连接到一起，发挥其中心控制作用。如果放在电子显微镜下观察，可以看到芯片由密密麻麻的电路构成，并且是由很多层结构叠加到一起的［图 1.16（a）］，因此需要精密设计和加工。芯片加工过程：首先用沙子制备出单晶硅，制备好的单晶硅在经过切片之后得到晶圆，通过光刻技术在晶圆表面形成复杂的多层电路；其次通过离子注入方式，在晶圆表面形成 N 型和 P 型的晶体管；然后再通过电镀方式对晶体管进行连接形成电路，经历电子封装技术、最终得到可应用的芯片，见图 1.17。芯片技术得到了非常快速的发展，经历了从微米时代、亚微米时代，到今天的纳米时代的变化。如今芯片中两个晶体管的最小距离已经达到了 5nm。根据摩尔定律，集成电路上可容纳的晶体管数目每 18 个月就会增加一倍，性能也会提升一倍。如何进一步提高集成电路的集成度？增加单位晶圆面积中晶体管的数量，进一步缩短两个晶体管之间的距离。美国劳伦斯伯克利国家实验室宣称他们通过碳纳米管复合材料可以把芯片制造工艺中晶体管间的距离缩小到 1nm，同时通过二硫化钼栅极等方式来避免量子隧穿效应发生。当然，在纳米数量级内缩短两个晶体管之间的距离变得越来越难，摩尔定律的实现也许要靠其他颠覆性的原理和技术了。今天的创新需要基础性和原理性创新，也就是颠覆性创新。

世界是通过各种各样有形的立体交通网连接起来的，同时也通过无形的信息网把人们连接起来。人们利用电脑、手机、电话等方式进行沟通和交流，这就是典型的信息社会。材料科技支撑着信息技术，促进了文明社会高速发展。

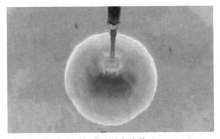
(a) 沙子还原成单晶硅

(b) 拉制单晶硅

(c) 制备晶圆

(d) 光刻与掺杂

图 1.17　芯片制备过程

1.8　新材料时代

最重要的一个时代，就是当今这个时代，被称为新材料时代。在新材料时代，金属材料、高分子材料、复合材料、无机非金属材料分别起到各自独特的作用。

（1）高分子材料

橡胶是一种典型的高分子材料，橡胶经过硫化，加上一些炭黑补强之后，再用帘子线进行复合，就变成了现在使用的轮胎。从图 1.18 中可以清晰地看到过去车的车轮是木制的，跑起来非常地颠簸，用了轮胎之后，人坐上去就感觉非常得舒适。有了轮胎之后，才有了快速奔跑的轿车，和顺利升降的飞机。因此，可以这样总结：橡胶这种高分子材料，加速了人类走向现代文明的步伐。

其实生活中人们大量使用各种高分子材料。比如我们穿的衣服、裤子、鞋子、袜子，基本上都是用高分子纤维材料制造的；在日常生活中家庭用到的空调、洗衣机、冰箱、电视，其壳体材料都是用塑料这种高分子材料制造的；在办公室中的办公用品也是这样，投影仪、打印机、电脑的外壳也都是用塑料制造的。塑料使得人们生活和工作中使用的电器产品变得更加轻质而美观。

图 1.19 是 2008 年北京奥运会的游泳主场馆水立方，其外表特别漂亮，像一个个大小不一的水泡堆积而成。水立方表面用到的就是一种高分子材料乙烯-四氟乙烯共聚物，它有很好的延展性和抗压性，即使暴雨、冰雹、沙尘暴也不会将其破坏，并且自己也不会燃烧。这种高分子材料还有自清洁性，不容易沾灰尘，并且下雨之后灰尘会自动被冲刷掉。这就是先进材料带来的技术进步，建筑设计师就是利用这些先进材料设计出美轮

美奂的建筑作品。

　　高分子材料具有很好的柔性，因此可以用其作为柔性显示材料。比如可以用高分子材料做柔性的手表和手环，也可以做曲面的电视，见图1.20。希望以后用到的电脑可以折叠，当要用的时候就把它铺展开，这样人们就真正拥有便携的电脑了。

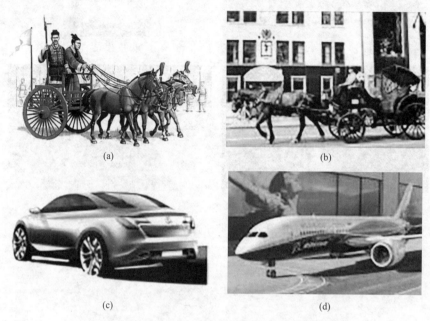

图 1.18　车轮的发展

图 1.19　水立方

(a) 柔性手表　　　　　　　　(b) 曲面电视

图 1.20　柔性显示屏

其实，高分子材料与人体的组织结构非常相近，因此可以把高分子材料用在生物医学、组织工程等领域。比如可以用高分子材料来替换骨、皮肤等，还可以利用生物高分子材料制造仿真人，可以做人的肌肉、皮肤、毛发等。现在还可以通过智能传感等方式，使其有人的感知和体温。因此，未来的智能机器人会越来越像人。

（2）复合材料

复合材料具有轻质、高强的特性，能够替代金属材料使构件整体结构变得更加轻质。最典型的例子就是大型飞机材料，见图1.21。欧洲空中客车公司已经制造了A380大型客机［图1.21（a）］，其机体的复合材料用量达到了25％。随后美国波音公司制造了波音787大型客机［图1.21（b）］，其复合材料应用量达到了50％。我国自主研发的大型飞机C919［图1.21（c）］，已于2023年5月完成首次商业飞行。接下来会大量地在飞机机体上使用复合材料，使中国制造的大型飞机更节能和有更大的运载能力。

(a) A380　　　　　　　　(b) 波音787　　　　　　　　(c) C919

图1.21　大型飞机

复合材料除了在飞机上大量地使用之外，在宇宙飞船、汽车、轮船等交通工具上都将大量地使用，见图1.22。复合材料的使用有助于实现人类更高、更快的梦想。

(a) 宇宙飞船　　　　　　　(b) 轮船　　　　　　　(c) 汽车

图1.22　复合材料用于交通运输工具

新能源领域也大量地使用复合材料。如新能源汽车领域就是用复合材料车体和气罐来减轻本身的重量，风力发电领域用复合材料制造更长的叶片来提高发电效率，见图1.23。因此，复合材料为新能源产业提供了助力，促进了新能源的广泛应用。

（3）金属材料

金属材料主要指金属合金材料，新型金属合金材料也属于新材料。正是由于在飞机中大量地使用了钛合金这种发动机叶片材料，涡轮发动机工作效率大幅度提高，见

(a) 新能源汽车

(b) 发电风车

图 1.23　复合材料在新能源领域使用

图 1.24。利用钛合金作为飞机的起落架和发动机的壳体材料，使得整个飞机的重量大大降低。发动机是飞机的心脏，其内部的工作温度非常高，工作条件非常苛刻，须使用高温合金来作为涡轮发动机的叶片。一般使用纤维增强的钴镍高温合金复合材料，其在高温条件下具有优异的力学性能和抗腐蚀性能。

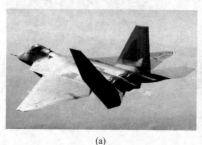
(a)

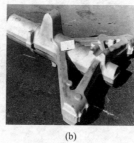
(b)

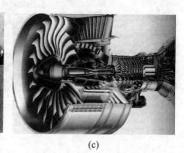
(c)

图 1.24　金属合金材料在飞机中使用

（4）无机非金属材料

陶瓷是一种典型的无机非金属材料。功能陶瓷是先进材料之一，其本身就具有电、磁、光、热、化学、生物等多种不同功能，也可以有压电、压磁、热电、电光、声光、磁光等耦合功能。功能陶瓷可以用于气体传感器、燃料电池、生物陶瓷、加热器等各种功能器件，见图 1.25。

比如超导陶瓷用于磁悬浮列车中，车速可以达到 400～500km/h；用于超导计算机中，运算速度可以达到每秒 8000 万次，元件完全不发热。这些优异性能主要基于超导陶瓷的基本特征——完全导电性和完全抗磁性。比如今天用到的智能手机，使用的陶瓷电容器有 300 只，电感器大概有 30 只，滤波器 10 只，同时还有其他功能陶瓷。因此，新材料时代，材料种类繁多、功能各异，成为人类社会进步的助推器。

1.9　结语

一代材料造就一代装备，一代装备造就一代产业。最后，希望大家能够学习材料，了解材料，并且通过自己的努力不断地创造新材料来改变世界。

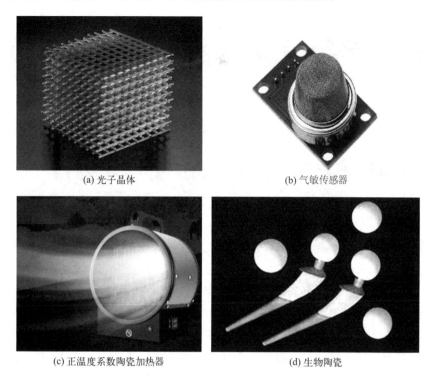

(a) 光子晶体   (b) 气敏传感器

(c) 正温度系数陶瓷加热器   (d) 生物陶瓷

图 1.25   功能陶瓷材料的应用

思考题

1. 你对"人类文明的发展史就是一部利用材料、制造材料和创造材料的历史"是如何理解的？

2. 为什么恩格斯说"人类从低级阶段向文明阶段的发展是从学会制陶开始的"？

3. 你从人类从笨重石制建筑到发明水泥的学习中领悟到了什么？

4. "没有材料就没有今天的人造世界"，对于这句话你是如何理解的？

5. 举例说明新材料是如何引领社会进步的。

第2章

材料科学与工程专业的科学基础

2.1 材料科学与工程专业的主要学习内容

各类材料如金属材料、高分子材料、无机非金属材料和复合材料各具有自己独特的功能，在不同年代起的作用是不一样的。到了新材料时代，这四类材料精彩纷呈，各领风骚，在社会中发挥它们的独特作用。

材料是人类社会进步的里程碑，我们今天所生活的世界主要是由各种材料所构筑的。一方面这些材料正利用各身的功能来服务社会，人们也是根据材料本身的性能和功能来制造所需的材料，满足我们美好生活的需求。这就是社会科学的范畴，基于社会需要出发，宏观上通过制造材料来满足这个社会需求。另一方面从自然科学的范畴来讲，如何从微观的角度构筑材料的微结构，以满足人们对有特别性能材料的需求呢？这就是材料科学与工程专业所学习的主要内容之一——材料结构和性能的关系。结构从最小的电子结构到原子结构和分子结构，由原子和分子组成相结构，由相组成组织结构，而这些结构决定了材料的性能。因此，材料科学与工程这个专业正是基于社会的需求，从宏观和微观两个角度来学习材料的结构和性能关系，认识材料、研究材料、开发新材料来满足社会的需求。

材料科学与工程专业所学习的主要内容，就是材料科学与工程的四要素，其包括：材料的组成与结构、材料的性质、材料的合成与加工、材料的使用性能或应用。这四者之间彼此的关系是：材料的合成和加工过程决定了材料的组成与结构，而材料的组成与结构决定了材料的性质，材料的性质进而决定了材料的使用性能或应用。材料科学主要是研究材料的结构和性质间的关系，通过某种方法合成和加工出具有特定组成和结构的材料，该材料继而显示出某些特定的性质。也就是说合成和加工方法决定了这个材料的组成和结构，这就是化学科学的基础知识；而材料的组成和结构决定了这个材料的基本性质，这就是物理学的基础知识。因此，学习材料科学要具有很好的化学和物理学的基础知识。材料工程就是在理解了材料的合成、结构和性能的关系这些材料科学的基础之上，使材料的优异性能得以应用。因此，材料工程是基于材料科学基础之上的材料工程化。

再具体总结一下，材料科学与工程就是关于材料成分、结构、性能与应用之间关系的相关基础理论和应用的科学。它是一个多学科的交叉领域，是从科学到工程的一个专业连续领域。其中材料科学专注于理解材料的成分、结构性能和使用性能之间的关系；

材料工程着重将物质和原料转化成具有适当结构、满足使用性能要求的材料，是材料的工程化过程。

因此，四大类材料，无一例外都是按照材料科学与工程的四个要素来展开学习和研究的，这就是材料科学与工程专业的核心内容。

下面详细来说明一下，材料科学与工程的四个要素。

（1）材料的组成与结构

其实任何一种材料都含有从电子到原子，再到宏观尺寸的整个结构体系。所说的宏观尺度，就是通过人的肉眼可以见到的，超过人眼睛的极限分辨率 0.1mm 的尺度。而微观尺度就是人的肉眼已经无法看到的尺度，一般都以微米级的尺度来表达。通常说的显微组织结构，指的是 $0.01\sim100\mu m$ 这样的一个范围。而原子和分子的尺寸是很小的，一般在 0.1nm 左右。电子尺寸就更小了，它的尺寸在 0.1pm，也就是 10^{-13} m 这个范围。任何一种材料都是由组成材料的原子的核外电子相互作用形成化学键变成分子，分子之间相互作用形成相或者显微组织，再由显微组织彼此间相互作用才能形成宏观的组织结构，即所看到的宏观材料。材料的所有性能都是来自它的组成与结构，这就是结构决定性能，是材料科学中最基本的思想。这个结构包括：原子结构、分子结构、化学键结构、显微结构，当然也包括宏观结构。材料的组成和结构与材料的合成和加工方法有关，所以它又是由材料的合成和加工决定的。

（2）材料的性质

性质就是材料对外界环境所表现出来的功能和性能。比如说力学性质，就是材料所表现的强度、刚度、硬度、韧性这些指标；物理性质就是电学、磁学、光学、热学等性质指标；化学性质包括催化性能、防腐性能等。总而言之，材料所有性质都是其组成和结构的反映，性质决定于材料的组成和结构。

（3）材料的合成与加工

合成与加工，从理论上讲是建立原子、分子、微观组织的新的排列方式，是从原子尺度到宏观尺度对材料的组成和结构进行控制，最终制备出材料或者制品。但合成与加工是两个完全不同的概念。合成是把原子和分子通过化学键的方式结合起来，最终变成有着微观结构的宏观材料；加工是针对制品而言，是将原材料通过一定的工艺，最终变成可以使用的制品的过程。所有的新材料基本都是通过合成和加工的方式而得到的，所以说其是人造材料的唯一实现途径。

（4）材料的使用性能或应用

使用性能就是材料在使用状态所表现出来的行为。比如，产品的可靠性、产品的寿命、产品的性价比、产品的安全性，这些都属于使用性能。使用性能是材料的固有性质，与材料的设计、工程环境以及人类需要融合在一起，其主要决定于材料的性质。

用一个例子来说明一下材料科学与工程的四个要素之间的关系。比如日常生活中需要防水，下雨要穿雨衣；洗漱间的墙壁需要防水要涂防水层；住的房子外墙也要涂防水漆。那么到底如何使材料具有防水这样的使用性能呢？

其实材料的疏水性与原子结构和分子结构有密切的关系。如果分子结构是由非极性基团所构成，就不能与水产生明显的分子间作用，表现为疏水性。聚四氟乙烯就是这样的一个结构，两个C—F键相互对称，因此整个分子没有极性。聚二甲基硅氧烷也是类似这样一个非极性结构。因此，由聚四氟乙烯或聚二甲基硅氧烷组成的材料具有很好的防水性或疏水性。据此，用于防水的雨衣是用含有机硅树脂的橡胶来制作的；防水涂料中的氟碳涂料，就是含有含氟聚合物的涂料，其具有很好的防水性。

另外材料的组织结构同样影响着材料的疏水性。大家都知道荷叶出淤泥而不染，其原因就是荷叶的表面是由很多大小不一的纳米级凸起所构成，这些突起对于水分或灰尘颗粒都是不沾的，因此，荷叶的表面看起来总是那么的洁净。人们利用这样的原理来制造布料和衣服，这样的衣服可以一直保持洁净。还有就是昆虫的翅膀，可以看到它永远不沾水珠。人们经过显微观察发现，昆虫的翅膀含有相对比较规则的多孔纳米结构，正是这些多孔的纳米结构造成了翅膀的不沾性，见图2.1。因此，可以利用这些原理制备超疏水膜材料。

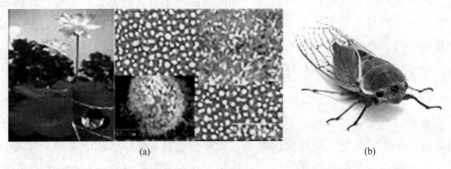

(a)   (b)

图2.1　荷叶（a）与昆虫翅膀（b）中的纳米结构

材料的合成和加工决定了材料的组成与结构，而材料的组成与结构决定了材料的性能，材料的性能决定了其应用。只要掌握了材料科学与工程的四要素之间的关系，就可以掌握新材料研究开发的逻辑关系，进而更好地认识与应用材料。

2.2　材料结构基础

材料的结构就是材料的组元及其排列和运动的方式。一般是通过宏观和微观两个维度来认识材料的内部结构。

人对于外界物体的观察靠的是眼睛，只有在0.1mm到百米这个范围的物体，才能通过人的肉眼看到，再大或再小就得借助于各种各样的工具。人观察世界的工具见图2.2。如遥远的天体肉眼是看不到的，就需要借助天文望远镜，再近一点的可以用普通的望远镜；小的细胞看不到，就可以用光学显微镜来观察；再小一点的像DNA这样的蛋白质分子看不到，就用电子显微镜来观察。目前，原子的核外电子，包括原子核，是不能借助显微镜这样的设备来观察到的，但可以通过加速器这样的设备来知道电子是如何运动的。也就是说，人可以借助这些设备来认识材料的内部结构，包括其组元、组元的排列和运动方式。

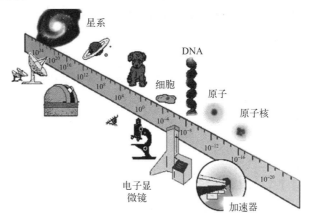

图 2.2　人观察世界的工具

再说一下材料的结构层次。如图 2.3（a）所示，脚手架这样一个宏观结构，它是由竹竿构成的；如果用显微镜来观察竹竿的微观结构，可以看到其由很多竹纤维和木质素基体材料构成；如果再放大竹纤维的话，可以看到其由很多类似晶体的规则结构组成；再推测每一个规则结构单元应该是多个原子通过化学键连接的。因此，就建立起材料从原子到分子，到微观组织，再到宏观结构之间的关系。

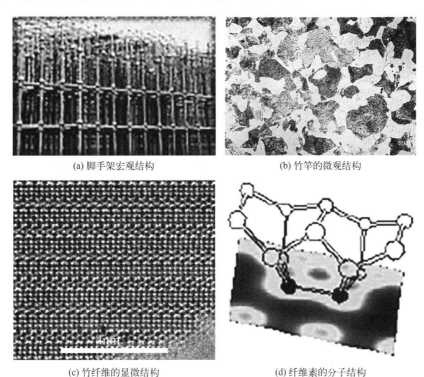

(a) 脚手架宏观结构　　　　　　　　　(b) 竹竿的微观结构

(c) 竹纤维的显微结构　　　　　　　　(d) 纤维素的分子结构

图 2.3　材料的结构层次

其实所有材料，金属材料、高分子材料、无机非金属材料、复合材料都是由元素周期表中这些元素的原子构成的。在地球中这些元素的丰度是不一样的，氧、硅、铝、铁、钙占据着相对丰度的前五位，构成了地球中的沙子、石头、黏土的主要成分。日常生活生产中所用到的材料，无外乎就是单质和化合物，这些单质和化合物都是由元素的原子通过化学键所构成的。

下面介绍一下材料性能的影响因素。材料性能主要是由材料的组成和结构所决定的，这就是内因，包括这个材料是由哪些原子构成的，就是成分；这些原子是如何结合在一起的，就是化学键；这些原子又是如何排列到一起的。这就是接下来要学习的材料结构基础的重要内容。当然，材料的性能也受到外部条件的影响，就是外因，比如温度和压力。也与材料的密度、导电性、导热性等与化学键相关的因素有关。

2.2.1 化学键和分子间作用力

化学键就是原子间通过原子核和核外电子形成的强烈的相互作用，包括金属键、离子键和共价键。氢键和范德华力属于分子间作用力。分子间作用力的能量明显小于化学键。

（1）金属键

金属键就是带正电荷的金属原子与核外带负电荷的价电子通过静电作用而形成的化学键。外层电子不属于某个固定的金属原子，它是自由的，又称为自由电子。图 2.4 给出的就是自由电子和金属原子的相互关系。自由电子徜徉在金属原子晶格中，金属原子被自由电子形成的海洋包围着。因此，金属键没有方向性。

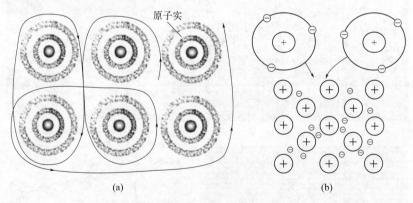

图 2.4　自由电子和金属原子的关系

正是由于自由电子可在金属晶格中自由的运动，金属材料具有高的电导率和热导率。金属原子的高度紧密堆积形成结晶结构，导致金属材料不透明，并且有高的反射性（金属光泽）。由于金属阳离子被大量电子的海洋包围着，阳离子可以滑动而不破坏金属键，因而金属有很好的延展性。

（2）离子键

用氯化钠作为例子来介绍，见图 2.5。氯的电负性比钠大得多，当氯原子和钠原子靠近的时候，钠原子的最外层电子会转移到氯原子最外电子层中，钠就形成了阳离子，氯就形成了阴离子。钠阳离子和氯阴离子通过静电作用便形成化学键，这就是离子键。由于阴阳离子靠静电作用形成了离子键，因此离子键既没有饱和性，也没有方向性。由离子键构成的化合物，就是离子化合物。离子化合物的原子堆积密度比较高，也就是配位数比较高。

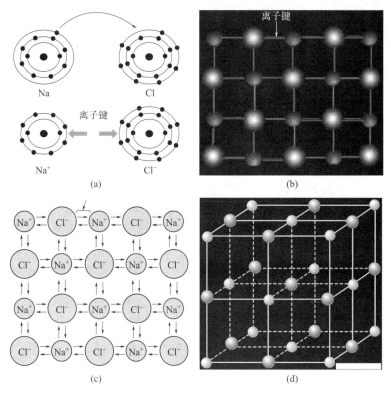

图 2.5　离子键

（3）共价键

　　形成共价键的两个原子电负性差别不大，因此，不能发生明显的电子转移，这样最终的结果是两个原子共用一对电子形成比较稳定的化学结构，这就是共价键。共价键是原子间通过共用电子对所形成的相互作用。如图 2.6 所示，二氧化硅就是硅和氧共用一对电子形成的共价键，金刚石结构中的碳和碳彼此之间形成了共价键。

　　根据共价键形成的特点可知，共价键本身具有方向性和饱和性。由于共价键结合牢固，所以由共价键所构成的晶体具有很高的熔点和硬度。共价键晶体结构均匀，故具有良好的光学特性。同时它没有像金属那样的自由电子存在，因此一般是电的不良导体。

（4）氢键

　　氢键是一类非常特殊的分子间作用力，形成氢键必须满足两个条件：第一分子中必须含有氢；第二这个分子中要有一种电负性非常大，而原子半径比较小的非金属元素。水分子就是一个可以形成氢键的典型例子，如图 2.7 所示。由于氧的电负性比较大，在

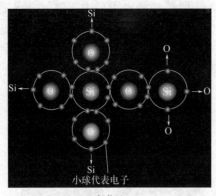

(a) 二氧化硅

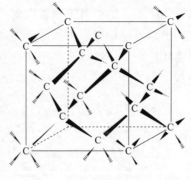

(b) 金刚石

图 2.6 共价键

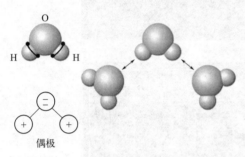

偶极

图 2.7 氢键

和氢形成共价键时，共用电子对明显向氧原子偏移，使得氧原子周围电子云密度很高而带负电荷，氢原子周围电子云密度很低而带正电荷，这样氧原子外层的孤对电子就有可能进入相邻水分子中氢原子的空轨道，进而形成氢键。因为氢键的方向和未共用电子对的对称轴是一致的，因此氢键一般具有方向性。一旦氢键形成，氢原子的空轨道就被相邻电负性大的原子的孤对电子占据，其他原子的孤对电子由于斥力作用不能进入这个轨道，因此氢键也具有饱和性。氢键的键能相对于离子键和共价键来说非常弱，一般认为它是一种强的分子间作用力。

（5）范德华力

范德华力是荷兰物理学家 van der Waals 首先提出的，范德华由于提出了气体和液体的状态方程，而获得了 1910 年诺贝尔物理学奖。他在观察中发现，非极性的分子，比如碘分子，固态的碘升华是需要能量的；再比如氩分子，液态的氩气汽化也是需要能量的。这说明这些非极性的分子之间也是存在着作用力的。把分子聚集在一起的作用力就称为分子间作用。由于是范德华首先提出来的，故也把分子间作用力称为范德华力。

范德华力是如何产生的呢？比如非极性的氩原子，见图 2.8（a）。由于原子核外的电子总是运动着的，在某一个瞬间氩原子中核外电子云分布会不均匀，这样就会产生瞬间的偶极矩。这个原子附近的其他原子也会基于类似的原因产生瞬间偶极矩，因此两个原子之间就会产生静电吸引力。由于分子总是运动着的，因此这个过程会一直发生，所以分子间作用力就一直存在，这种分子间作用力被称为色散力。再举一个极性分子聚氯乙烯的例子，见图 2.8（b）。在聚氯乙烯分子中，氯的电负性要远远高于碳，因此氯原子带部分负电荷，进而导致与碳相连的氢原子带了部分正电荷。带有负电荷的氯原子，与相邻分子中带有正电荷的氢原子产生静电作用，这就是极性分子的分子间作用力，称为取向力。另外还有一种力，就是极性分子使相邻的非极性分子产生极化作用，进一步增加相互吸引力，这种分子间作用力被称为诱导力。因此，分子间作用力其实存在着三类：色散力、取向力和诱导力。

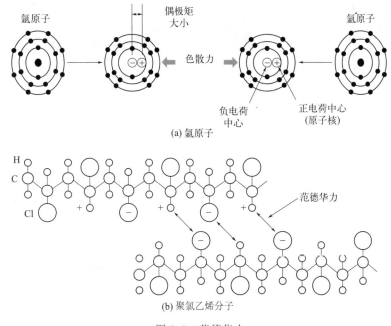

(a) 氩原子

(b) 聚氯乙烯分子

图 2.8 范德华力

下面做一下总结。原子之间可以形成三种比较强的相互作用，就是化学键，其中包括金属键、离子键和共价键；同时也存在相对比较弱的相互作用，称为分子间作用力，分子间作用力包括范德华力和氢键。

金属键主要是金属正离子和自由电子之间的库仑作用力，其键能比较强，是金属的主要键合方式；离子键是正负离子相互作用的库仑力，其键能很强，是离子晶体的主要键合方式；共价键是相邻原子共用价电子对而形成的相互作用，其键能比较强，一般是原子晶体的主要键合方式；范德华力存在于所有分子之间，它的键能比较弱；氢键是一种强度高于范德华力的分子间作用力，只存在于含有氢原子和强电负性原子的分子中或分子间。

表 2.1 给出了这五种作用力的强度，用键能来表示。键能的顺序与上面讲解的一致，化学键高于分子间作用力。

表 2.1 不同作用力的键能

作用力类型		键能/(kJ/mol)
化学键（主要）	离子键	600～1500（强）
	共价键	100～800（中）
	金属键	70～850（中）
分子间作用力（次要）	范德华力	10～50（弱）
	氢键	10～50（弱）

在典型的材料中这几种作用力是如何存在的呢？一般来说，金属材料主要是以金属键形式存在；而半导体材料，主要是以共价键形式存在；至于高分子材料，主要是以共价键和高分子链之间的分子间作用力形式存在；像陶瓷和玻璃这些无机非金属材料，主要含有离子键和共价键，见图2.9。

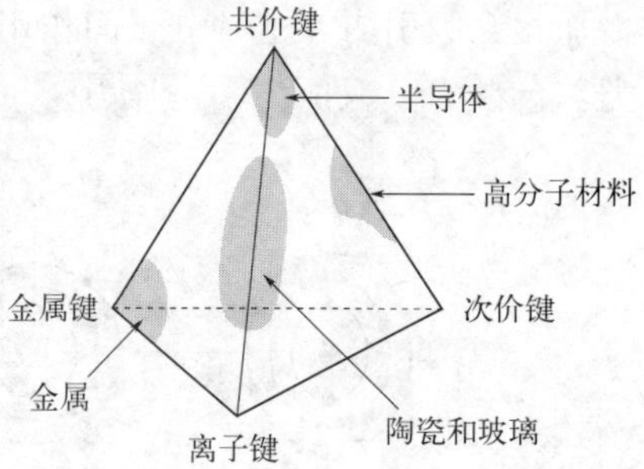

图 2.9　不同类型材料中存在的作用力

2.2.2　晶体和非晶体结构

通过上面的内容可以知道，组成材料的原子是通过化学键和分子间作用力形成分子的。分子再进一步地堆积，就形成了"相"这样更大的微观结构。一般相结构分为两大类：一类是晶体结构；另一类是非晶体结构。

晶体就是材料中的原子在三维空间呈周期性的规则排列，如图2.10（a）所示；非晶体与晶体正好相反，其原子在三维空间呈不规则排列，如图2.10（b）所示。根据材料的结构与性能的关系，一般来说，晶体材料有规则的外形，有固定的熔点，并且性能各向异性；非晶体材料没有固定的外形，熔点也不是固定的，性能各向同性。

举个例子来说明，比如二氧化硅分子。结晶的二氧化硅形成硅氧四面体结构，非常规则地排布［图2.10（c）］。由结晶的二氧化硅构成的材料就是水晶，如图2.10（d）所示，棱角分明，晶莹剔透。与之相对照，非晶态的二氧化硅分子排布不规则［图2.10（e）］。以非晶态二氧化硅分子为主组成的材料，比如玻璃，非常透明，可以做成玻璃杯［图2.10（f）］，也可以做成玻璃窗。

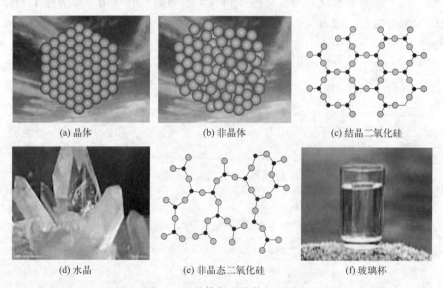

(a) 晶体　　　　　　　　(b) 非晶体　　　　　　　(c) 结晶二氧化硅

(d) 水晶　　　　　　(e) 非晶态二氧化硅　　　　　(f) 玻璃杯

图 2.10　晶体与非晶体的对比

下面分别介绍一下金属材料、无机非金属材料和高分子材料内部的相结构。

（1）金属材料的内部结构

金属材料内部的原子一般都是以晶体状态存在。通常用晶格和晶胞来描述晶体的基本结构单元。将晶体按照原子位置画成三维空间立体格子，称为晶格；构成晶格的最小立体格子单位称为晶胞。金属晶体的晶格主要有三种：面心立方、体心立方和密排六方，见图2.11。

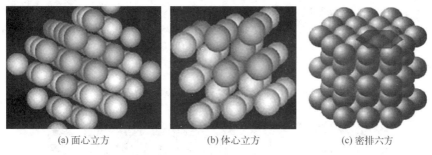

(a) 面心立方　　　　　　(b) 体心立方　　　　　　(c) 密排六方

图2.11　金属晶体的三种晶格形式

（2）无机非金属材料的内部结构

对于无机非金属材料，首先介绍一下碳。由碳元素组成的固体有不同的晶体结构，称为同素异形体。碳至少有五种同素异形体，包括石墨、金刚石、富勒烯、碳纳米管、石墨烯等，见图2.12。虽然这些碳的同素异形体中碳原子的键合方式基本相同，但其内部的晶体结构差别很大。因此，这些同素异形体的性能有很大的差别。金刚石坚硬无比，石墨却可以做润滑剂。形状上，富勒烯是球状，碳纳米管是管状，石墨烯却是片状。这就是材料的相结构对其性能和形状的影响。

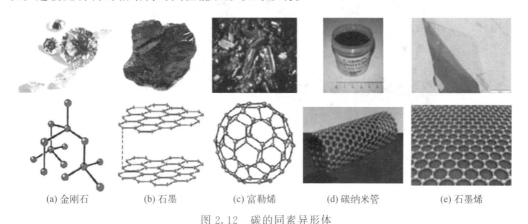

(a) 金刚石　　　(b) 石墨　　　(c) 富勒烯　　　(d) 碳纳米管　　　(e) 石墨烯

图2.12　碳的同素异形体

无机非金属材料的典型代表是水泥、陶瓷和玻璃，可以用这些无机非金属材料修路、造桥、盖房子，也可以做一些功能器件。

从结构上来看，无机非金属材料有不同的结构类型，如图2.13所示。例如金刚石型的结构，除了金刚石外，半导体材料硅、锗都是这样的结构；像滑石、高岭土这样的硅酸盐，内部都含有硅氧四面体的结构；而玻璃是由二氧化硅和金属离子形成的不规则四面体结构；这些氧化物或者非氧化物陶瓷如 BN 也可以形成独特的晶体结构。

因此，可以看到很多无机非金属的矿物都有着规则的几何外形，如图2.14所示，纤维状的石棉，片状的云母，棒状的石英和块状的滑石。

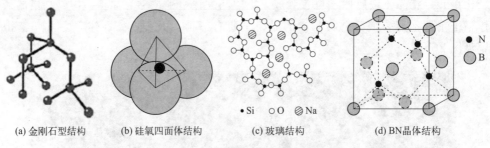

(a) 金刚石型结构   (b) 硅氧四面体结构   (c) 玻璃结构   (d) BN晶体结构

图 2.13   无机非金属材料的不同结构类型

(a) 石棉   (b) 云母

(c) 石英   (d) 滑石

图 2.14   典型无机非金属矿物

（3）高分子材料的内部结构

高分子材料是由高分子链组成的聚集态结构。一般具有规则的线型高分子链的高分子材料容易形成结晶结构。但由于高分子链的运动阻力很大，所以其结晶结构是不完美的，往往在规则的结晶结构中有很多不规则的非结晶结构。图 2.15 给出的是典型结晶高分子的结晶相和非晶相状态。

2.3 结语

材料具有多层次结构，从小到大分别是亚原子结构、晶体结构、显微结构、宏观结构，见图 2.16。亚原子结构就是原子与核外电子相互作用形成化学键或者分子间作用

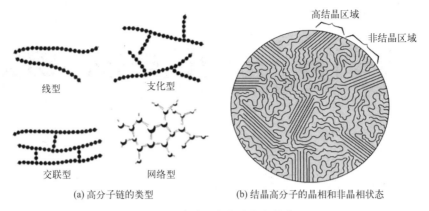

线型　　　　　支化型

交联型　　　　　网络型

(a) 高分子链的类型

高结晶区域

非结晶区域

(b) 结晶高分子的晶相和非晶相状态

图 2.15　高分子材料内部相结构

力；晶体结构就是分子进一步集聚变成的相结构，根据其原子排列方式可以分为晶体和非晶体；显微结构就是相与相之间相互作用而形成的更大的可以通过显微镜观察到的结构，比如竹纤维的结构；宏观结构就是肉眼可以看到的实际使用的材料结构。材料的多层次结构决定了其性质，进而决定了它们的应用。

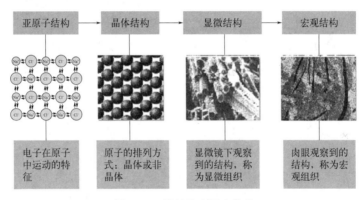

亚原子结构	晶体结构	显微结构	宏观结构
电子在原子中运动的特征	原子的排列方式：晶体或非晶体	显微镜下观察到的结构，称为显微组织	肉眼观察到的结构，称为宏观组织

图 2.16　材料的多层次结构

思考题

1. 材料科学与工程的四个基本要素是什么？请说明它们之间的关系。
2. 从金属原子形成化学键的角度说明金属材料为何具有优异的导电和导热性。
3. 请说明高分子材料的结晶与金属和陶瓷有何不同，并说明原因。
4. 碳的同素异形体为何具有不同性能？
5. 从尺度角度说明材料的多层次结构。

第 3 章

微电子材料——通往未来的钥匙

3.1 信息技术与微电子技术

信息技术是当今世界发展最为迅猛的一类技术。随着人类社会步入信息时代，以微电子技术和光电子技术为代表的信息技术产业已成为当今世界的一个主导产业，信息经济已经在国民经济中占据主导地位。得益于科学技术的不断发展，展现在我们面前的是一个信息爆炸的时代。电脑、手机、电视等各种各样的智能设备在身边普及，它们正在从根本上改变着人们的生活行为方式和价值观念，引领社会走进信息时代。人们对信息交流需求的激增，进而又推动了信息技术的飞速发展。

信息材料，是指用于信息的获取、存储、处理、传递和显示的微电子材料和光电子材料。其中以集成电路为代表的微电子技术及微电子材料，在信息产业及现代高新技术产业中已经占据了极其重要的地位。信息材料领域的每一次创新，都会推动信息技术和产业向前发展，信息材料领域的不断创新已成为信息技术的基础和先导。

二十世纪中叶以来，以集成电路技术为代表的微电子技术及微电子材料得到了迅猛的发展。集成电路（integrated circuit，简称 IC）技术就是将若干个二极管、晶体管等有源器件，和电阻、电容等无源器件按一定的电路互连要求集成在一块芯片上，并制作在一个封装中。随着集成电路集成规模的飞速增长，集成电路芯片的功能越来越强，微电子技术及微电子材料由此成为引领现代信息产业飞速发展的领头羊。电子信息科技的飞速发展，伴生了一大批新材料、新技术、新产业、新经济，打开了一扇通向未来的大门。

3.2 微电子技术的发展历程

19 世纪以来，随着物理科学的不断发展，电子学和电子技术走上历史舞台。它主要研究电子运动和电磁波及其相互作用机理以及应用，横跨物理、化学、数学和材料学等多门学科。随着电子技术的不断发展，电报、电话、收音机等一系列电子器件不断涌现，改变了人们的生活和工作。1904 年，英国物理学家弗莱明发明了世界上第一个真空二极管，也称真空电子管［见图 3.1（a）］，电子科技由此走进了真空管时代。真空电子管是由金属阴极电子发射器、控制栅极、加速栅极、阳极等一系列金属电极组成的，外罩玻璃管并抽真空，以保证电子束能在空间穿梭，并避免电极被烧毁。真空电子管可以对电子信号起调制作用，它和电阻、电容等各种电子元器件用金属导线连接构成电路系统，应用在早期的电报机、收音机等一些通信器件上。但真空电子管的尺寸较大、能耗高、寿命比较短，这对一些大型电子器件的设计、制造和使用容易造成很大困扰。

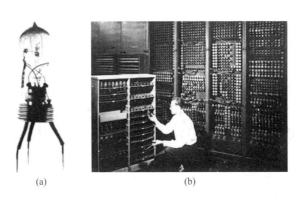

(a)　　　　　　　　　(b)

图 3.1　世界上第一个真空电子管（a）与第一台通用电子管计算机（b）

1946 年，世界上第一台通用电子管计算机诞生［图 3.1（b）］，它由 1.8 万个真空电子管组成，重达 30 吨，体积非常大，占地 170 平方米，计算速度为每秒数千次。但其功耗达 150 千瓦，同时它的工作稳定性和使用寿命也不好，每运行 15 分钟就会有一个真空电子管被烧毁，因而不得不经常停机更换。人们往往将在电脑系统或程序中隐藏的一些未被发现的缺陷或问题统称为 bug（漏洞）。bug 的英文意思为小虫子，实际上就是因为一个小飞蛾飞到了线路板的继电器触点上而导致电子计算机停止工作，于是成为世界上第一个电脑 bug。

到了 20 世纪初，半导体材料及晶体管技术的发展，带动了电子技术领域的新发展。晶体管是一种固体半导体器件，它具有检波、整流、放大、开关、稳压、信号调制等多种功能。晶体管可以对输出电流进行各种控制，因而可以作为各种电气设备的关键电子元件。半导体是指常温下导电性能介于导体与绝缘体之间的一类材料。从材料的能带结构上来讲，绝缘体介于价带与导带之间的禁带宽度很大，电子很难跃迁到导带而起导电作用；导体的导带中存在自由电子，因此非常容易导电；而半导体的禁带宽度较窄，处于价带上的电子相对容易跃迁到导带，因此其导电性介于绝缘体和导体之间（图 3.2）。通常把导电性差的材料，如砂石、陶瓷、人工晶体等称为绝缘体；而把导电性比较好的金属，如金、银、铜、铁、铝等称为导体。与导体和绝缘体相比，半导体材料发现得最晚。直到 20 世纪 30 年代，当材料提纯技术改进以后，半导体材料才真正被学术界认可。

最常见的半导体材料为硅、锗等元素半导体。硅是地球上除氧之外最为丰富的一种元素，其化学稳定性好、耐高温。在硅原子的电子壳层中拥有 4 个价电子，价电子从其价带跃迁到导带时需要克服 1.12eV 的禁带宽度，因此它的导电能力远不如金属材料。为了改善半导体硅的导电性能，往往通过掺杂的手段，如在 4 价的硅晶体中引入磷、砷、锑等 5 价离子，或硼、铝、镓、铟等 3 价离子，利用电荷缺陷在硅的价带和导带之间形成施主能级和受主能级，即形成所谓的 N 型半导体或 P 型半导体，以改善材料的导电性能（图 3.3）。

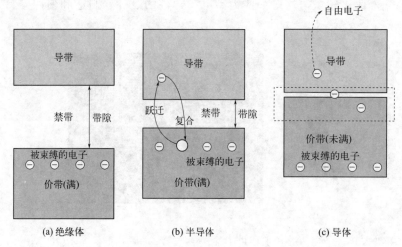

图 3.2　绝缘体、半导体、导体的能带结构

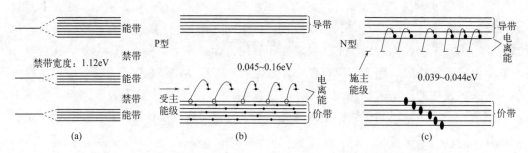

图 3.3　硅半导体（a）、P 型（b）与 N 型（c）掺杂的能带结构

　　为了拓展半导体材料的种类，以满足其实际应用的需要，科学家又将元素周期表中的第三主族元素和第五主族元素组合成诸如氮化硼、砷化镓等Ⅲ-Ⅴ族化合物半导体，或将第二副族元素与第六主族元素组合成诸如硫化锌、硒化镉之类的Ⅱ-Ⅵ族化合物半导体，以及Ⅳ-Ⅵ族、Ⅳ-Ⅳ族和Ⅰ-Ⅲ-Ⅵ族化合物半导体等，由此形成了性能各异、多姿多彩的化合物半导体材料大家族。半导体材料发明的意义非常重大，各种电子产品，如计算机、移动电话或数字录音机中的核心单元都与半导体材料有着极为密切的关联。因此，半导体材料的发现和发展给现代电子技术注入了巨大活力，由此电子技术从真空管时代踏进晶体管时代。

　　1947 年，肖克利、巴丁等人利用一个三角形黄金片、一块锗半导体制成了世界上第一个点接触型晶体管［图 3.4（a）］。之后二极管、三极管等各种半导体晶体管相继发明，进而在收音机、电视机、计算机等各种电子元器件上得到广泛应用。1954 年，美国贝尔实验室成功研制了世界上第一台晶体管计算机［图 3.4（b）］，它由 800 多个晶体管组成，体积大为缩小。但那么多的晶体管需焊在线路板上组成电子电路，容易出现虚焊等问题，造成设备的工作不稳定。

(a)   (b)

图 3.4　世界上第一个点接触型晶体管（a）与第一台晶体管计算机（b）

　　1952 年，达默提出如果这些电子元件能够做在一个半导体芯片上，形成一个完整的电路，其体积就可以大大缩小，数据处理能力和工作稳定性也会大幅提高，这就是最早的集成电路构想。集成电路在一块半导体芯片上同时集成所需的各种电子元器件，可以使电子设备尺寸大为缩小，同时也避免了诸多晶体管焊接时易出现的虚焊、能耗高等问题。1958 年与 1959 年，美国德州仪器的基尔比和美国仙童半导体的诺伊斯先后发明了世界上第一个半导体锗集成电路［图 3.5（a）］和半导体硅集成电路［图 3.5（b）］。尽管这种集成电路还相当简陋，比如基尔比的锗集成电路只集成了 5 个电子元件，但已经撬开了集成电路的大门。而诺伊斯所采用的平面工艺技术则一直沿用至今。

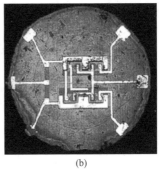

(a)   (b)

图 3.5　世界上第一个半导体锗集成电路（a）与基于平面工艺的半导体硅集成电路（b）

　　在随后的几十年里，集成电路技术的发展速度异常迅猛，1962 年集成电路的电子元件集成度仅为 12 个，到 1965 年底达到了 1000 个，1978 年达到了 10 万～100 万个，到 20 世纪 90 年代更是达到了千亿集成度的水平。按照集成电路的集成度规模大小，可将集成电路分为以下六类：

　　① 小规模集成电路（small scale integration，简称 SSI），集成度小于 100 个晶体管单元。

　　② 中规模集成电路（medium scale integration，简称 MSI），集成度在 100～1000

个晶体管单元。

③ 大规模集成电路（large scale integration，简称 LSI），集成度在 1000～10 万个晶体管单元。

④ 超大规模集成电路（very large scale integration，简称 VLSI），集成度在 10 万～1000 万个晶体管单元。

⑤ 甚大规模集成电路（ultra large scale integration，简称 ULSI），集成度在 1000 万～10 亿个晶体管单元。

⑥ 巨大规模集成电路（gigantic scale integration，简称 GSI），集成度在 10 亿～1000 亿个晶体管单元。

在 1971 年的 Intel4044 微处理器中，只集成了 2000 多个晶体管。1979 年的 8088 微处理器上的晶体管数目已经达到 2.9 万个，并被 IBM 公司用在个人电脑上。1985 年的 Intel386 芯片的晶体管集成度达到了 27.5 万个。2008 年的酷睿 i7 芯片的集成度已经达到 7.31 亿个以上。在 2020 年华为技术有限公司的麒麟 9000 处理器中，在极小的空间里集成了 153 亿个晶体管。

1965 年，摩尔对集成电路的发展速度进行了预测，认为集成电路集成元器件的数量每 18～24 个月翻一番，其性能也翻一番。集成电路的这种高速发展一直延续到今天，也成就了著名的摩尔定律。

随着现代信息科技和高新技术的迅猛发展，对信息器件的信息处理和存储速度要求大幅提升，由此推动集成电路集成度的大幅提升。那么如何在如此小的空间里容纳那么多的电子元件呢？这就要借助于日新月异的光刻技术。如果在单位面积的硅片上以超高的加工精度和极小的光刻线宽去集成更多的电子元件，就有可能使集成电路的集成度不断提升。因此随着现代光刻技术不断发展，集成电路芯片的光刻线宽由早期的 $1\mu m$ 发展到目前的 4nm 乃至更小。与此同时，集成电路基片的制造技术也迅速发展，制造芯片用的硅片尺寸由早期的 2 英寸发展到现在的 18 英寸，一个晶圆中可以容纳更多芯片，制造成本大为降低。因此，集成电路基片制造技术和光刻技术的不断发展，推动了现代微电子技术的腾飞。

3.3 集成电路基片制造技术

集成电路的制造过程包括集成电路基片材料的制备、芯片制造及封装测试等流程，其中提供优质的基片是集成电路制造的必要条件（图 3.6）。目前用来制造集成电路基片的最常见半导体材料是单晶硅，单晶硅是半导体硅的单晶体，整个基片中的硅原子在三维空间中呈严格的周期性重复排列。同时对单晶硅的纯度要求极高，在集成电路基片制造时，每 100 亿个硅原子中的杂质原子不允许超过一个，相当于将硅原子从地球排到月球，其中允许的杂质原子只有一个。这就对单晶硅材料与集成电路基片的生产，提出了非常严格的要求。

硅是自然界中最为丰富的一种元素，但是自然界中硅基本上都是以二氧化硅的形式

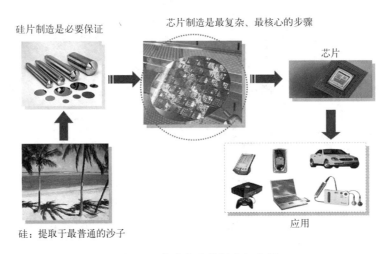

硅片制造是必要保证　　　　芯片制造是最复杂、最核心的步骤

芯片

应用

硅：提取于最普通的沙子

图 3.6　集成电路的制造与应用

存在的。而且目前地球上开采的高纯石英砂的纯度一般在 99.9%～99.99%，不能满足集成电路制造的要求。因此必须通过硅原料提纯和单晶硅制造等手段来获取满足生产要求的集成电路基片材料。自然界丰富的硅资源都是以二氧化硅的形式存在的，这种化学稳定、高温难熔的固态材料很难进行提纯。因此在集成电路基片制造过程中，首先将开采到的高纯石英砂和碳在高温下反应，还原生成冶金级硅；进而将其与氯化氢气体反应生成三氯硅烷，液态的三氯硅烷可以通过不断的蒸馏和精馏进行提纯，以获得集成电路制造所需纯度要求的高纯三氯硅烷；再将高纯三氯硅烷与高纯氢气反应生成电子级硅（其纯度达 99.9999% 以上，超高纯则达到 99.9999999%～99.999999999%），以满足集成电路芯片制造的纯度要求。但这种电子级硅是一种多晶硅，其晶体在三维空间中排列并不整齐，因此需要通过单晶硅锭的制造来获得所需基片材料。

单晶硅的制备方法很多，比较常见的是直拉法。在单晶硅锭生产时，将经过提纯的多晶硅原料放入石英坩埚内，并根据硅半导体掺杂要求加入硼、磷、锑、砷等杂质成分。之后将石英坩埚置于晶体生长炉内，并加热至熔化温度以上，将多晶硅原料熔化。待硅熔体的温度稳定之后，将已呈单晶的籽晶慢慢浸入硅熔体中，与之浸润后，一边旋转一边缓慢提升（图 3.7）。籽晶棒的旋转是为了克服熔体中温度不均匀引起的非均匀凝固问题。在单晶硅拉制过程中，首先通过缩颈生长工艺避免新生单晶中产生位错，进而再通过放肩生长、等径生长和尾部生长等工艺直接拉出符合直径要求的单晶硅锭。

单晶硅锭制备完成后，还需经过滚磨与开方、切割、研磨、抛光等工序才能获得优质的单晶硅圆片（图 3.7）。单晶硅圆片按其直径分为 6 英寸、8 英寸、12 英寸及 18 英寸等不同尺寸。直径越大的硅圆片，所能刻制的集成电路越多，芯片的成本也就越低。但大尺寸单晶硅圆片对材料和技术的要求也较高。单晶硅片制成后还需经过清洗和检验等工序，并在出厂前通过氧化工艺制备一层二氧化硅膜层，以掩蔽杂质离子扩散，还可作为集成电路的绝缘层或隔离介质，起保护作用。

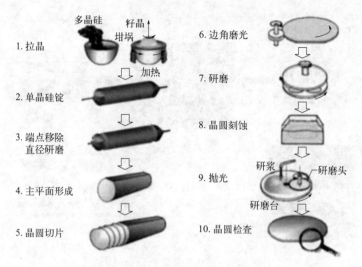

图 3.7　单晶硅锭及硅片制造工艺流程

3.4　集成电路芯片制造技术

3.4.1　MOS 场效应晶体管

在传统的半导体技术中，往往利用多个电阻、电容、二极管、三极管等电子元器件构成特定的电路或系统功能。由于电子元器件的尺寸因素，半导体电路的体积较为庞大，不能满足高性能电子装备制造的要求。因此在现代集成电路设计中，以平面工艺技术为设计理念，将金属、氧化物、半导体等各种功能材料按功

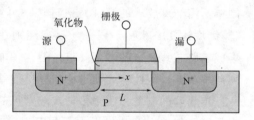

图 3.8　MOS 场效应晶体管

能特性要求，叠层组合成所需电子元件，其最基本的结构单元为金属-氧化物-半导体（metal-oxide-semiconductor，MOS）场效应晶体管（图 3.8）。

MOS 场效应晶体管是集成电路中最重要的单极器件，是构成集成电路的主要器件。它以经掺杂的半导体硅片为基底，通过半导体层、二氧化硅绝缘层、金属电极层的叠层引入，形成一个个功能电路。如图 3.8 所示，在 P 型掺杂半导体硅片基底上，采用扩散技术形成两个高掺杂 N^+ 区，其中一个为源区，另一个为漏区。在源区和漏区之间的 P 型硅上覆有一层二氧化硅绝缘层，称为栅氧化层；二氧化硅层上面覆有一层金属导电层，称为栅极；P 型硅本身构成了器件的衬底区。MOS 场效应晶体管拥有源、漏、栅极等 3 个电极。对于 P 型掺杂的衬底区来说，多数载流子为带正电的空穴，少数载流子为带负电的电子。而对于 N 型掺杂的源和漏来说，其多数载流子是带负电的电子。由于源和漏之间的 P 型半导体区中的电子为少数载流子，因此它们之间是不导通的。而如果在金属栅极层施加电压，吸引衬底区的电子聚集在栅氧化层附近，当在源与漏之间

施加偏压时，这些电子即可起到导通源与漏的作用，形成一个 N 型导电沟道，称为 N 沟 MOS 场效应晶体管。如果是在 N 型半导体基片上形成一个 P 型导电沟道，则称为 P 沟 MOS 场效应晶体管。MOS 场效应晶体管可以通过控制沟道中的漏电流大小，从而实现电路控制目的。而且 MOS 场效应晶体管是采用平面工艺技术构建的，因此通过重复扩散、沉积、氧化等工艺即可在其周围构建大量具有多种功能特性的电子元件，进而达到高集成度的目的，因而在集成电路设计和制造中被广泛采用。

3.4.2　集成电路芯片的制造过程

集成电路芯片制造是一个精细而复杂的过程，需要将各种电子元件按照功能化要求高密度地集成在单晶硅片上，其中包括集成电路设计、掩模版制作、光刻和图形转移、掺杂与扩散、薄层沉积、互连和封装等多个过程（图 3.9）。

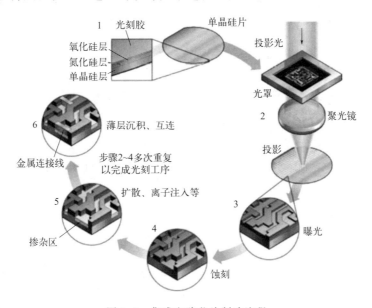

图 3.9　集成电路芯片制造流程

（1）集成电路设计和掩模版制作

在集成电路制造之前，必须按照功能化的要求进行电路设计。对于数字集成电路来说，设计人员站在抽象层面，使用硬件描述语言或高级建模语言来描述电路的逻辑、时序功能，进而经过功能验证、布局、布线、逐层分解，如同搭积木一般进行逐层设计，形成可以构成完整电路结构的一系列逐层模块，并制备掩模版。

（2）光刻和图形转移

在光刻过程中，利用波长极短的极深紫外光将掩模版上的一幅幅电路图形逐层投影到硅片上，并利用图形转移技术将所投影的图形转化为由金属导体、二氧化硅绝缘体、半导体等功能层组成的缩微物理电路。光刻机光源波长越短，缩微图形的尺寸越小、精细程度越高。在图形转移过程中，根据掩模版缩微投影的指示，采用扩散、沉积等手段将金属、半导体、绝缘体等各功能层定位于指定位置，最后经封装、测试制成集成电路芯片。

在光刻与图形转移过程中，需要用极深紫外光将掩模版上的电路图形缩微投影到硅片上。由于硅片在生产时其表面已经覆盖了一层致密的 SiO_2 保护层，需扩散进入的掺杂离子无法进入，因此在图形转移时，首先在硅片上涂覆光刻胶。当极深紫外光将掩模版上的电路图形投影到硅片表面的光刻胶膜层上时，所透过的紫外光使得照射区域的光刻胶曝光以改变其结构。光刻胶层中未聚合区域能被溶剂溶解掉，其下面的 SiO_2 层被暴露出来；而未被溶解的聚合胶层则将掩模版上的图形复制下来，形成光刻胶图形。

进而，将已形成光刻胶图形的硅片浸泡在氢氟酸溶液中，其暴露出来的 SiO_2 层被腐蚀掉，而覆盖光刻胶图形的 SiO_2 层则被保护下来。将光刻胶清除掉以后，就在硅片上形成了一个 SiO_2 膜层图形。集成电路中包含有大量的晶体管，光刻工艺的精度决定了芯片的集成度。采用短波长曝光可得到尺寸更小的图形。紫外光刻技术的出现或者利用更短波长的电子束、X 射线或离子束对光刻胶进行曝光，都是人们挑战特征尺寸极限的诸多手段和尝试。

（3）掺杂与扩散

在此后的扩散过程中，当硼、磷等杂质离子轰击硅片表面时，这些杂质离子将扩散进入未被 SiO_2 层覆盖的区域，而覆盖 SiO_2 层的区域则因保护层的阻挡而离子未能进入，通过多步操作最终形成 P 型掺杂区域图形或 N 型掺杂区域图形。同样的道理，利用光刻胶与 SiO_2 膜层的配合，也可以在指定区域利用物理沉积的手段制备所需的金属功能层图形。

（4）互连和封装

当某一功能层制备完成后，可以通过表面继续氧化、涂覆光刻胶、曝光、蚀刻、扩散等工序的多次重复，在硅片上形成 MOS 场效应晶体管电子元件层。经过数十次乃至百余次光刻工序的重复，就可以形成高精度、高密度的立体结构多层电子电路层，大大提升了集成电路的集成度。为使多层电路结构的集成电路能正常工作，必须用金属导线将各电子电路层连接起来。随着芯片集成度的不断提高，必须采用多层互连技术才能实现复杂电路的构建，最终构成复杂的多层金属化互连系统。制得的集成电路芯片经检验后，还需进行封装保护，即通过陶瓷、金属外壳的安装，起到固定、密封、电磁保护作用，并实现与外部电路的连接。

3.4.3 光刻机

在集成电路芯片制备技术中，其关键装备就是光刻机，又名掩模对准曝光机，它的作用就是将掩模版上的电路图形大幅度缩微并转移、复制到硅片上。光刻机的图形转移精度及尺寸，决定了集成电路的集成度大小。分辨率是光刻机的一个关键指标，它是指光刻加工工艺可以达到的最细线条精度。光刻的分辨率主要受光源衍射极限的限制，也就是受阿贝极限的限制。光源波长越短，则光刻精度越高，所制备芯片的光刻线宽就越小。超高集成度芯片的制造，需要拥有极短波长光源的光刻机，同时还要求光源拥有足够的能量，并且均匀地分布在曝光区。因此极短波长激光光源的开发，也就成为超高精度光刻机生产的一个关键技术。激光光源的波长越短，则光刻线宽越窄，而超高功率极短激光器的制造则是大批量芯片制造的必要保证。在光刻机的发展历程中，往往以光源波长来分代。从早期以汞灯的 436nm g 线和 365nm i 线为光刻光源的第一、第二代紫外（UV）光刻机，到分别以 248nm 的 KrF 和 193nm 的 ArF 准分子激光为光源的第三、第四代深紫外（DUV）光刻机，发展到目前以 13.5nm 极紫外激光器为光源的最为先进的第五代极深紫外（EUV）光刻机。

现行的集成电路芯片生产都是利用多个掩模版对硅片进行多层曝光而实现的，因此多层曝光时的对准精度决定了多层功能结构图案的定位精度。对准系统就成为光刻机另一核心部件，制造高精度的对准系统需要具有近乎完美的精密机械工艺，这也是高精度光刻机生产的技术难点。许多国际品牌的光刻机都采用特殊的机械工艺设计技术，如采用能有效避免轴承的机械摩擦导致误差的全气动轴承设计专利等技术。

3.4.4 集成电路芯片制造的发展趋势

随着现代光刻机技术的不断进步，集成电路芯片的特征尺寸由 2005 年的 65nm 发展到目前的 4nm，芯片的集成度飞速提升。为了避免光刻线宽不断缩小后易产生的量子隧穿效应及漏电流等问题，在集成电路设计与材料选用上也进行了不断创新。场效应晶体管的设计由平面式过渡到鳍场式，利用全包覆式闸极增加绝缘层表面积及其电容，减小了漏电流和电压。同时，III-V 族半导体和 SiGe（硅锗）半导体材料的选用可增加芯片的电子迁移率，以铜导线取代铝导线也可明显提升器件的电性能，使得芯片的数据处理速度不断提升。

集成电路材料作为集成电路产业链中细分领域最多的一环，贯穿集成电路制造的晶圆制造、前道工艺（芯片制造）和后道工艺（封装）整个过程。随着芯片制造技术及其性能的不断提升，芯片制造所用的化学元素由早期的十余种发展到目前的五十多种，材料在芯片性能提升方面的贡献份额越来越重，进而占据了主导作用。集成电路材料的发展已成为芯片技术不断飞跃的原动力。

集成电路芯片的制造水平现在已经到了 4nm 乃至更小的水平，但科学家探索的脚步并未停止。2016 年，美国劳伦斯伯克利国家实验室利用碳纳米管和二硫化钼打造出 1nm 精度的晶体管。二硫化钼作为半导体，而碳纳米管则负责控制逻辑门中的电子流向。当然这种 1nm 芯片的生产，还有许多问题要解决，绝非一朝一夕之功。

3.5 集成电路的应用与发展

如今，集成电路技术已经渗透到现代高新技术和人民生活的方方面面，小到电子表、手机、计算机，大到汽车、高铁、飞机，都可以看到集成电路的身影。集成电路芯片制造技术的不断提升，推动着现代信息技术的不断发展和人民生活质量的不断提升。集成电路芯片处理速度的不断提升，引领计算机技术和手机技术的不断更新换代。芯片技术在工业生产和人民生活领域的大量应用，给社会的智能化生产、人们的智能出行和智能生活都带来了极大便利。

（1）集成电路在信息存储技术领域的应用

以 MOS 场效应晶体管为基础的半导体闪存技术的发展，推动了信息存储向高速、高存储容量的方向发展，单位容量存储成本随着芯片集成度的提升而不断下降。现在市场的一个优盘，其容量是 10 年前的 1000 倍，但价格则是 10 年前的二十分之一。

（2）集成电路在数码摄影技术领域的应用

集成电路芯片技术同样可应用于数码摄影技术领域，以 MOS 场效应晶体管为基础的电荷耦合器件（CCD），已经成为数码相机、数码摄影机的核心感光元件。芯片特征尺寸的不断缩小，带动着 CCD 感光元件像素的不断提升，现今的数码摄影技术已与数年前不可同日而语。

（3）微机电系统

微机电系统（MEMS）是在半导体制造技术基础上发展起来的新兴领域，是微电路和微机械按功能要求在芯片上的集成。基于光刻、腐蚀等半导体技术，融入超精密机械加工，并结合材料、力学、化学、光学等领域的科技发展，可以使一个毫米或微米级别的 MEMS 具备电气、机械、化学、光学等多种特性。MEMS 器件当前主要应用在消费电子、汽车等领域，在工业生产、航空航天、医学等高新技术领域的应用逐渐普及。与此同时，各种集成电路芯片作为工业机器人、物联网技术、可穿戴设备、虚拟现实新技术等的核心关键器件，推动了新技术、新产业、新经济的不断发展。

集成电路产业已经成为现代国民经济的支柱产业，每 1～2 元集成电路产值，将带动 10 元左右电子工业产值的形成，进而带动 100 元左右 GDP 的增长。发达国家国民经济总产值增长部分的 65％ 与集成电路相关。集成电路芯片技术已经成为现代高新技术及信息社会发展的领头羊。集成电路产业的发展，涉及原材料、设备、设计、制造、封测等各个环节。因此集成电路全产业链关键技术的提升，才能带动芯片制造技术的进步。中国目前已成为全球集成电路的第一大市场，其在全球市场的份额也越来越高。据统计，2014～2017 年，中国在全球半导体销售额中的市场占比从 26.37％ 上升到 32.61％，2017 年的进出口总额达到了 3270 亿美元。

但是，在大尺寸单晶硅片及高集成度芯片制造技术，尤其是集成电路制造关键装备——高性能光刻机制造技术等领域，我国离国际先进水平尚有较大距离。在集成电路芯片设计方面，目前还大量依赖国外，并非中国设计不了芯片，而是尚未形成良好的芯片迭代条件。在这方面，华为技术有限公司已经实现了勇敢的突破，其相继推出的麒麟 980、990、9000 芯片，是当年世界上最为先进的手机芯片之一。我国尚未拥有先进的光刻机生产及芯片制造技术，大量高性能芯片还依赖于进口或代工，"卡脖子"现象明显，必须通过加大研发投入以掌握自主技术产业链。以上海微电子装备（集团）股份有限公司为代表的一批国内光刻技术企业集群正在加紧研发，不断取得技术突破。

3.6 结语

微电子及集成电路是我国的支柱性产业，是引领新一轮科技革命和产业变革的关键力量，不仅对国民经济和生产生活至关重要，而且对国家的信息安全与综合国力具有战略性意义。集成电路的应用领域不仅覆盖消费电子、汽车电子、计算机、工业控制等传统产业领域，更在人工智能、物联网、云计算、新能源汽车、可穿戴设备等新兴市场获得了新的机遇。随着国民经济及其高新技术产业的飞速发展，社会对高性能集成电路产品的需求越来越大。尤其是在其他国家对我国以信息技术为代表的高科技产业不断打压的情况下，大力发展具有自主知识产权的完整集成电路产业至关重要。因此，国家在2020 年《国家集成电路产业发展推进纲要》中，提出了以"设计为龙头、制造为基础、装备和材料为支撑"。芯片设计、制造以及装备技术和材料等方面的协同研究和创新，必将促进我国集成电路产业尽早把握芯片设计、制造关键环节，形成完整技术产业链，完成从量变迈向质变的飞跃。

思考题

1. 集成电路制造的技术流程是什么？如何不断提高集成电路的集成度？
2. 为何说集成电路材料已经成为芯片技术不断飞跃的原动力？
3. 为什么说光刻机是集成电路制造的关键设备？它在芯片制造中起什么作用？
4. 大力发展集成电路技术与产业对国民经济与社会发展起什么作用？

第 4 章

光电子材料——沟通世界的纽带

4.1 光电子技术及其发展

信息技术领域有两大分支,一个是微电子技术及微电子材料,另一个就是光电子技术及光电子材料。平时生活中的电视机、计算机、手机以及光纤通信网络,都是光电子技术的一种体现。世界通过电视、手机和计算机屏幕以及光纤通信网络,将其美丽、繁华、发展和未来展现在我们面前,并搭起了更为便捷的信息沟通桥梁,世界由此形成了一个地球大家庭。

所谓光电子技术就是由光学和电子技术相结合而形成的一种高新技术,它利用光子和电子的相互作用来实现信息的获取、传输、处理、记录和显示。在微电子技术中,主要是将电子学理论与微电子器件工艺相结合以用于开发各种微电子器件。而在光电子技术中,光子的加入可以使信息器件用途更为广泛、功能更为强大。比如说,一根电线只能传输一路电信号,而在光纤通信中一根光纤可以传输多路光信号而互不干扰,光纤通信的信息传输速度和传输容量要远高于通信电缆。光电子技术所使用的光频率是多种多样的,可以从红外光、可见光、紫外光一直拓展到 X 射线等各种电磁波频谱。利用光电子技术还可使所传输的信息可视化,大大方便人们获取和掌握知识、运用知识。光信息技术的发展极大丰富了信息器件的种类,拓展了其应用范围。

光电子技术的历史最早可以追溯到 19 世纪末,德国物理学家赫兹利用紫外光照射金属材料时,发现金属能够发射带电粒子。此后,随着电子被发现,光电效应逐渐为人们所认识。1929 年和 1939 年,具有实用价值的光电管和光电倍增管相继问世,使得人们对光的探测和计量得以实现。

20 世纪 40 年代起,具有各种光电响应的半导体材料相继问世,随着硫化镉、硒化镉等光敏材料的发明,对光的探测开始应用于军事领域。美国"响尾蛇"空空导弹就是利用硫化铅半导体对飞机尾气中红外光的敏感特性对敌机进行探测和跟踪的,很快投入了实战应用。1960 年梅曼发明了世界上第一台激光器——红宝石激光器,由此推动了光电子技术的迅猛发展。短短数年内,氦氖激光器、半导体激光器、钕玻璃激光器、氩离子激光器、二氧化碳激光器、晶体激光器和染料激光器纷纷涌现,由此带动了一大批新型光电子器件的诞生,大大促进了光电子技术的迅猛发展。

到了二十世纪六七十年代,激光测距仪、激光制导武器、激光致盲武器、低损耗光纤、电荷耦合(CCD)感光器件等光电器件相继出现,改变了世界各国的国防、工业生产和人民生活。20 世纪 70 年代以后，欧美各国开始相继建设光纤通信网络，如今以光纤通信网为主干网络的全球互联网把远在世界各地的人们之间的距离拉近了。光通信、光信息显示、光信息存储等信息技术越来越成熟，应用越来越广泛，引领着人类社会朝着追求美好生活的方向勇往直前。

4.2 新时代的利刃——激光

（1）激光的定义

光电子技术在 20 世纪 60 年代有一个突破性的发展，其标志就是激光的发明。所谓激光，其定义就是受激辐射光放大（light amplification by stimulated emission of radiation），把其英文名称的首字母连起来，就是激光的英文名称 laser。

（2）受激发射

从物理学知识中知道，物质是由大量原子构成的，而原子则是由原子核和核外电子组成。原子核外的电子都处于特定轨道中，是量子态的，电子的跃迁需要吸收特定能量。在正常情况下，电子一般都处于基态能级，在激发态能级上的极少数电子并不稳定，它会迅速释放能量回落到基态能级，以保持物质的最低内能。因此当一外来光子射向物质时，如果这个光子的能量正好等于原子核外电子跃迁所需能量，处于基态能级的电子就会吸收光子的能量而跃迁到激发态能级；但处于激发态能级上的电子是不稳定的，它会迅速回落到基态能级，通过释放一个光子的方式来释放能量，这就是光子的吸收和自发发射过程［图 4.1（a）］。从宏观上来讲，在自发发射过程中，物质吸收了一个光子而导致电子跃迁，当电子回落到基态能级时仍然释放一个光子，所以总体来说入射光并没有被增强。但是如果这个电子正好处在激发态能级上，当它受入射光子的影响而回落到基态能级时，仍然会释放一个光子，加上原有的入射光子，相当于变成两个光子，这个过程称为受激发射［图 4.1（b）］。

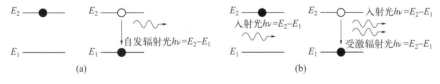

$$E_2 \quad \bullet \qquad E_2 \quad \circ$$
$$\downarrow 自发辐射光 h\nu = E_2 - E_1$$
$$E_1 \qquad\qquad E_1 \quad \bullet$$
（a）

$$E_2 \quad \bullet \qquad E_2 \quad \circ \quad 入射光 h\nu = E_2 - E_1$$
$$入射光 h\nu = E_2 - E_1$$
$$受激辐射光 h\nu = E_2 - E_1$$
$$E_1 \qquad\qquad E_1 \quad \bullet$$
（b）

图 4.1　自发发射（a）与受激发射（b）

要实现激光输出、实现光放大，就必须产生受激发射。而如果要产生受激发射，就必须让大多数电子都处于激发态能级，即实现所谓的粒子数反转。但在实际情况下，原子核外绝大多数电子都处于基态能级。要让大多数电子处于激发态能级，必须满足两个条件：一是需要利用化学能、电能、光能、机械能等外加泵浦能量，将基态能级上的电子持续抽运到激发态能级；二是要求被抽运到激发态能级上的电子有较长的寿命，以便电子抽运速度能够高于电子回落速度，最终实现粒子数反转。与此同时，在激光器中还需要设计一个谐振腔，能够让受激发射光子在谐振腔内来回振荡，使其数量呈雪崩状增加，进而实现强大的激光输出。

（3）激光器

1960年美国物理学家梅曼利用红宝石晶体发明了世界上第一台激光器，这台激光器以普通的红宝石晶体作为激光工作物质，利用一台荧光灯管作为泵浦能源实现粒子数反转，并利用一面全反射玻璃镜和一面部分反射玻璃镜组成谐振腔实现光放大，进而产生 694.3nm 的激光输出（图 4.2）。其结构是如此的简单，以至于发明者称，即使小孩也能发明。但就是这样的一个简单结构却开创了光电子技术新时代，各种各样的激光器件和光电器件纷纷诞生。

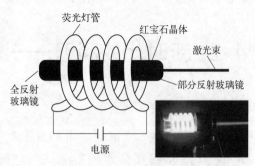

图 4.2　红宝石激光器结构

红宝石激光器利用红宝石晶体作为激光基质晶体，在氙灯照射下，红宝石晶体中原处于 E_1 基态能级的粒子，吸收了氙灯发射的光子而被激发到 E_3 能级；粒子在 E_3 能级的平均寿命很短（约 10^{-9} s），大部分粒子通过无辐射弛豫至 E_2 能级；粒子在 E_2 能级的寿命较长（可达 3×10^{-3} s），因而在 E_2 能级上积累起大量粒子，实现 E_2 能级和 E_1 能级之间的粒子数反转；在谐振腔的作用下，这些粒子可由 E_2 至 E_1 受激发射产生 694.3nm 的激光输出 [图 4.3（a）]。Nd^{3+}：YAG 激光器以钇铝石榴石晶体（$Y_3Al_5O_{12}$，YAG）为基质晶体，以 Nd^{3+} 作为激活离子，可产生 $1.06\mu m$ 的激光 [图 4.3（b）]。掺钛蓝宝石（钛宝石）激光器则是一种可调谐固体激光器，其激光输出在 680～1100nm 波长范围内实现连续可调 [图 4.3（c）]。与此同时，还可以利用气体、液体、晶体、玻璃等多种物质制造出可产生各种不同发射波长的激光，激光发射功率从毫瓦级一直到太瓦（10^{12} W）级，小到激光笔，大到激光武器，都可以看到激光对世界的改变。

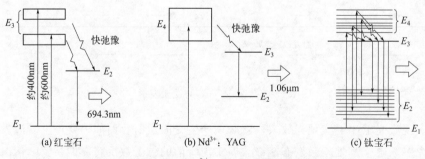

图 4.3　红宝石、Nd^{3+}：YAG、钛宝石能级图

利用半导体 PN 结可以制成半导体激光器，它可以通过驱动 PN 结两侧的电子和空穴复合，从而产生光辐射。半导体激光器的尺寸可以小到一个笔尖大小，它在激光通信、光存储、激光打印、激光测距以及激光雷达等领域得到了广泛应用。

（4）激光的特性

作为光源的一种，激光与普通光源产生的光一样具有折射、反射、衍射等光学现象。但作为受激发射而产生的一种特殊光源，它又具有许多特殊的光学特性，如高度的单色性、方向性、相干性、瞬时性和亮度等。

① 激光的单色性非常好。由于激光发射与电子能级跃迁有关，激光的波长取决于两个电子能级之间的跃迁，而电子能级是量子态的，因此所产生的激光的波长是线性的，即是一种非常优秀的单色光。正因为如此，激光还具有优良的时间相干性和空间相干性，在一些光学器件中应用广泛。

② 激光的方向性非常好。如果用一个探照灯去照射月球，那么它可能的照射面积将覆盖整个月球表面；而如果用一束激光去照射月球的话，它在月球上的照射面积仅相当于一个足球场大小。

③ 激光还具有可瞬时高能输出特性。在现有的人造光源中，高压脉冲氙灯的亮度比太阳的亮度高 10 倍，而一支功率仅为 1mW 的 He-Ne 激光器的亮度则比太阳约高 100 倍，一台巨脉冲固体激光器的亮度可以比太阳表面亮度高一千多倍。我国开发的"神光Ⅱ多功能高能激光系统"可以在十亿分之一秒的瞬间，发射出相当于全球电网总量 5 倍左右的激光束，在国防、能源技术领域拥有巨大的应用前景。

激光技术的出现为光电子技术的发展提供了一种优质的光源，无论是现代计算机光信息存储技术，还是光纤通信网络，以及激光测距、激光显示、激光加工等技术，都是以各种激光器为核心器件而发展起来的。可以说，激光技术的发展为光电子技术的腾飞敞开了大门。

4.3 光纤通信技术

（1）通信技术的发展

信息交流和通信是人类社会文明形成和发展的一个重要手段。所谓通信，是指人与人、人与自然之间通过某种行为，或通过媒介进行的信息交流与传递过程。从古至今，人们都在利用当时的技术条件进行各种形式的信息交流和通信。古代从驿马邮递、烽火狼烟到飞鸽传书，都是在想方设法尽可能快地进行信息传递和交流沟通。

到了近代，电报、电话和无线通信等技术的出现，使得信息通信更为便利。1835年美国的莫尔斯经过 3 年钻研发明了世界上第一台电报机，利用电流"通断""长短"来代替文字进行信息传送。1844 年在美国国会支持下建通了世界上第一条电报线路，但是电报所传输的信息量相当有限。1876 年，贝尔发明了世界上第一台电话机，并创建了贝尔电话公司。由此人们可以通过电话而进行即时双向交流沟通。当然电话线路的架设也限制了其普及和机动应用。因此在 1893 年，尼古拉·特斯拉首次公开展示了无线电通信技术。在 1906 年圣诞前夜，美国实现了人类历史上首次无线电广播。在第一次、第二次世界大战中，军用无线电技术蓬勃发展，并在战后进入民用通信技术领域。

（2）信息通信系统的组成

一般信息通信系统由发送单元、传输介质、接收单元等几部分组成（图 4.4）。发送单元对信息源提供的各种信息进行编码、调制，由发射机将调制信息发出；所发出的调制信息通过电缆、光纤、微波通信、移动通信等介质进行传输；在接收单元利用接收机对接收到的调制信号进行解调、解码，进而显现在电脑、手机屏幕等信息终端上；同时人们还可对接收到的信息进行处理，并对信息源给予及时反馈，由此构成了一个完整的信息通信系统回路。在整个信息通信系统里，需要各种各样的光电信息器件和信息材料，以通信光纤为代表的信息传输介质则是其中一种关键材料。

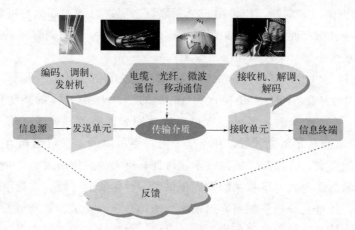

图 4.4　信息通信系统的构成

（3）信息传输介质的发展

在电话网络中，一般采用电线作为传输介质，每一对电线一般只能传输一路信号。1918 年美国发明了载波通信技术，可以在一根电线中传输多路电话信息。但是电话通信网络的信息传输容量依然非常小，一路信息传输时会独占一根电线，于是就出现了所谓电话占线的问题。

利用电线进行信息传输还存在一个问题，就是必须在信息源和信息终端之间架设电缆。因此贝尔在发明了电话之后，又设想能否利用光作为传输介质进行信息传输，进而在 1880 年又发明了光电话。但是光电话在信息传输中受环境的干扰极大，以光作为介质进行信息传输在当时难以实现实用化。直到 1966 年，英国华裔科学家高锟提出了利用光学透过性能优良的玻璃作为介质进行信息传输的设想。当光在玻璃纤维中传输时，可以传输多路光信息，可传输的信息量更大，传输速度更快。但传统的玻璃材料因光传输损耗较大，难以实现长距离信息传输。为此，高锟在与一些玻璃研发、生产单位大量研讨后，通过不懈地实验研究，终于发明了世界上第一根石英玻璃光导纤维，使得长距离、大容量光信息传输的梦想有希望得以实现。为此，高锟在 2009 年获得了诺贝尔物理学奖。

1970 年，贝尔实验室的林严雄发明了室温下可以连续工作的半导体激光器，为光纤通信提供了一种可靠光源。同年美国康宁公司又制成了光损耗为 20dB/km 的光纤，使得光信息可以实现较长距离的传输。1977 年芝加哥架设了世界上第一条商用光纤通信线路，由此开创了光纤通信迅猛发展历程。随着光导纤维制备技术的不断发展，光纤的传输损耗从 1970 年的 20dB/km，减小到 20 世纪 90 年代以后的 0.14dB/km，已经逼近石英光纤的 0.1dB/km 理论传输损耗。光导纤维的传输损耗越小，代表着单根光纤的信息传输距离越远。

（4）光导纤维和光纤传输

那么究竟什么是光导纤维呢？它又是由什么材料构成的呢？实际上光导纤维的结构很简单，它是由纤芯、包层、缓冲涂覆层等几部分构成的［图 4.5（a）］。其中纤芯是一根纯度极高的玻璃纤维，用于传输光信号；包层实际上也是一种玻璃材料，但其折射率要低于纤芯；缓冲涂覆层则是用于保护光纤，以承受一定外界力的冲击。在光导纤维设计中，将光导纤维的纤芯折射率设计成高于包层折射率［图 4.5（b）］。因此当光信号射入纤芯，到达纤芯与包层的界面时，如果入射角大于全反射的临界角，此时光将不会进入包层而全部被反射。当传输的光信号以全反射的状态在纤芯中传输时，从理论上来讲不会有光进入包层而产生光损失，这样就可以实现光信息的长距离传输。

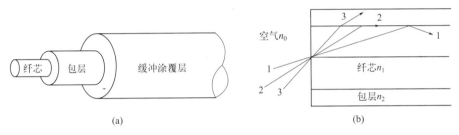

图 4.5　光导纤维结构（a）及其导光原理（b）

因此，光纤的导光原理就是实现全反射。不同于电缆中只能实现单路信息传输，在光纤中可以传输多路光信号而不相互干扰。因此可以利用一根光纤实现多路光信息的双向大容量高速传输，其信息传输的速度和容量要远高于电缆传输。目前一根普通光纤的网速可达到 10GB 以上，而在实验室中单根光纤的最高传输网速可以达到 26TB，完全可以满足人们对信息传输容量的需求。

当然，光纤在信息传输中仍然会产生一定的损耗，这种损耗包括吸收损耗和散射损耗。光纤中的化学成分二氧化硅会对光产生一定的吸收，这种固有吸收被称为本征吸收。光纤中可能存在的杂质离子也会产生一定的杂质吸收，因此在光纤的制造中必须严格抑制杂质的存在。此外光纤在制造和使用过程中，光纤材料自身的本征因素，以及在材料、形状、折射率分布等方面的缺陷或者不均匀，也会造成一定的散射而产生损耗。这种吸收损耗和散射损耗的存在，影响了光纤的长距离信息传输和信息容量。

不同波长的光在光纤中的传输损耗各不相同，随着光的波长增加，其传输损耗减小，红外波段的传输损耗要远低于可见光波段，因此为保证光信息的长距离传输，一般都选用红外波段作为光纤通信窗口。但如果光导纤维的纤芯中存在着微量残留羟基的话，其在红外波段会产生一定的吸收损耗，因此必须在光导纤维制造时进行严格的除水控制。同时，在光纤通信窗口设计时也需要回避这些残留羟基可能造成的影响。因此目前一般以 850nm、1310nm 和 1550nm 等三个传输波段为光纤的通信窗口。随着通信窗口波长的增加，光纤的传输损耗递减。

但实际上，石英玻璃光纤在红外波段的光透过性能并不好，红外光照射下二氧化硅晶格振动会加剧进而导致明显的本征吸收，石英玻璃光纤的理论损耗无法进一步降低。为了寻找理论损耗更低的光学玻璃纤维材料，科学家分别研究了重金属氧化物系统玻璃、氟化物玻璃和硫化物玻璃等玻璃光纤材料，获得了理论损耗更低的新型光纤材料。但是这些新型光纤材料的化学稳定性等综合品质尚不能完全达到实际应用要求，因此新型低损耗光纤的实用化还有一段路要走。

光纤的应用是人类进入现代信息社会的一个重要标志，光纤通信的发展有力地推动了全球信息高速公路的建立。自 1966 年高锟等人提出利用光纤进行信息传输以来，光纤通信技术取得了飞速的发展和惊人的成功。光纤作为信息传输介质具有许多优点，如传输损耗低、信息容量大、抗电磁干扰能力好、光纤之间相互干扰小、尺寸小、重量轻，有利于铺设和运输等。因而通信光纤迅速成为了全球信息高速公路的主干网络。在大数据时代，由光纤构成的海底光缆已经承担了全球 99.99％的通信容量。

4.4 信息显示技术

人类通过交流和信息传递，获取了大量各种各样的信息，进而用于学习、研究、指导生产实践。在获取信息过程中，需要通过竹简、卡片、书本以及各种浏览设备来展示文字、图片、声音、视频等信息。现代信息显示材料及其显示技术的不断推出，为人们获取信息、掌握信息提供了极大便利。

信息显示材料主要是指用于各类显示器件的发光显示材料。随着人类步入信息社会，人们在社会活动和日常生活中随处可见各种显示设备，如电视图像显示、计算机屏幕显示、广告屏显示、手机显示、智能手表显示等。这些显示设备都是通过信息显示材料及其设备，将不可见的电信号转化成可视的数字、文字、图形、图像信号，极大便利了人类的信息获取和交流沟通。

早在十九世纪末，科学家已经开始研究活动图像的显示方法。1884 年德国电气工程师尼普科夫利用其发明的"尼普科夫圆盘"，使用机械扫描方法做了首次发射图像的实验。到了 1925 年，英国科学家贝尔德发明了机械扫描式电视摄像机和接收机，当时画面分辨率仅 30 行线。1936 年英国广播公司开始了实用化电视广播。到了二十世纪六七十年代，彩色阴极射线管电视机技术开始走向普及。如今液晶显示、等离子显示、电致发光显示、电子纸、激光投影等新型显示技术已经占据信息显示主流市场，并推动信息显示技术不断向前发展。

（1）阴极射线管显示器

阴极射线管（cathode ray tube，CRT）显示器是电视技术中最传统的一种，其结构是一个真空电子显像管（图 4.6），内部的电子枪发射电子束，电子束射到真空管前屏幕表面的内侧时，屏幕内侧的荧光粉涂层受到电子束的激发而发光产生图像。阴极射线管显示材料是指能在电子束轰击下发光的一类发光材料，即阴极射线荧光粉。阴极射线荧光粉有上百种，通过激发分别产生红色、绿色和蓝色等三基色光进而组合成全色光。阴极射线管显示是应用最广泛的显示技术之一，具有可视角度大、色彩还原度高、

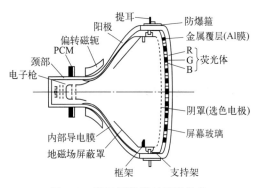

图 4.6　阴极射线管显示器结构

色度均匀、响应时间极短等优点。但其体积大、能耗高，限制了进一步发展，目前多被液晶显示等新型显示技术所取代。

（2）液晶显示器

　　液晶显示器（liquid crystal display，LCD）是 20 世纪 70 年代开始发展起来的一种新型显示技术，其原理是利用液晶材料作为光开关，以实现图像的显示功能（图 4.7）。液晶是一种规则性排列的、介于固体和液体之间的有机化合物，它本身并不能发光，主要是通过电场控制液晶分子排列产生变化来控制其能否透光，进而成为一个电场控制的光开关。在液晶显示器的设计中，将配有控制电极的液晶盒阵列，按电视像素的要求制成一个液晶面板，并在其背后设置背光灯光源。利用电场控制每个像素的液晶盒开或关，控制每个像素光的透过或隔绝，以此实现图像的显示，因此液晶显示技术属于一种被动发光的显示器件。相比较阴极射线管显示器，液晶显示器具有机身薄、可平面显示、省电、不产生高温、低辐射、有益健康、画面柔和、不伤眼等优点，因而在现代信息显示技术中得到了广泛的应用。

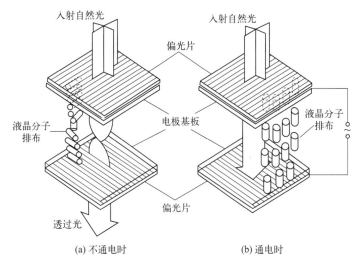

图 4.7　液晶显示原理

（3）等离子体显示器

等离子体显示器（plasma display panel，PDP）是一种主动发光型平板显示器件。等离子的发光原理是在真空玻璃管中注入惰性气体，利用加电压方式使气体产生等离子效应，放出紫外线；进而利用紫外线激发光致发光荧光粉而发射红、绿、蓝三基色光，并组成彩色图像（图4.8）。由于等离子体显示器是一种主动发光型显示器，因此与被动发光的液晶显示器相比，其图像显示亮度高、色彩还原性好、视野开阔、视角大、图像响应速度快，适于制造超大尺寸电视显示屏幕。同时与传统的阴极射线管显示器相比，其体积更小、重量更轻，而且没有X射线辐射，当然其能耗要高于液晶显示器。

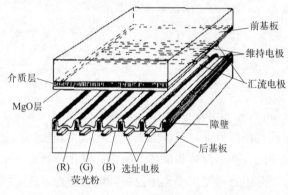

图4.8 等离子体显示器结构

（4）激光显示器

激光显示器利用彩色激光显示系统代替彩色显像管，它采用激光器作为光源，经过显示系统进行相应的处理，从而最终将图像显示在屏幕上。激光显示器的核心装置为激光光源，它可以采用红、绿、蓝三基色固态激光器作为发光光源，也可以使用单色固态激光器去激发三基色荧光粉作为发光光源。激光显示器作为一种新型显示技术，与阴极射线管显示器、液晶显示器相比，它具有色彩鲜明、亮度高、投影尺寸大、舒适性好、便于家庭安装等优点。因而随着激光器制造成本的降低，激光电视在近年来已逐渐走入家庭。

（5）有机电致发光显示器

有机电致发光显示器（organic light-emitting diode，OLED），又称有机发光二极管，是近年来发展起来的一种新型显示技术，它利用电流驱动有机发光二极管来达到发光和显示的目的。OLED具有既薄又轻、主动发光、宽视角、快速响应、能耗低、低温和抗震性能优异、可柔性设计等优点，已经在显示技术领域展现出宽广的应用前景。

OLED发光的工作原理可简单地分为以下几个过程（图4.9）：a.在外加电场的作用下，电子和空穴分

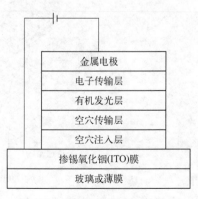

图4.9 有机电致发光显示器
结构及其发光原理

别从阴极和阳极向夹在电极之间的有机薄膜层注入；b. 注入的电子和空穴分别从电子传输层和空穴传输层向发光层迁移，当电子和空穴在发光层中相遇时，即产生激子；c. 激子在有机固体薄膜中不断地做自由扩散运动，并以辐射或无辐射的方式失活，当激子由激发态以辐射跃迁的方式回到基态时，即产生电致发光现象，通过相应能级结构的设计，即可产生彩色图像。目前 OLED 已经大量配备在一些高端手机和智能手表上，其中华为、三星、小米等公司已经利用 OLED 可折叠显示屏技术推出了最新的折叠屏手机。

（6）其他新型显示技术

与此同时，场发射显示器、电子纸、微发光二极管显示器（Micro-LED）等一大批新型显示技术也在不断研发和应用中，这些新型显示技术都各具特点。

① 场发射显示器是利用金属微尖阵列、碳纳米管阵列等作为电子枪，激发荧光粉发光而制成的主动发光型显示器件，它的图像显示质量与阴极射线管显示器相近，但可以实现高分辨率的平板显示，目前制造成本仍较高。

② 电子纸是一种超薄、超轻、超低耗电的显示屏，也可以像报纸一样被折叠卷起。它最大的特点是阅读时并不耗电，而仅在更换显示信息时需要少量电量，因而待机时间特别长，比如现在市场上的一些电子书在使用时几周才需充一次电。近年来，科大讯飞、掌阅等一些公司相继推出了彩色电子书，彩色墨水屏技术方兴未艾。

③ Micro-LED 是由一系列微型发光二极管组成的。与 OLED 不同的是，Micro-LED 使用传统的氮化镓（GaN）LED 技术，具有高亮度、高动态范围、广色域、快速刷新率、广视角和低功耗等优点。由于它使用无机半导体材料制作 LED，因此产品寿命要明显优于 OLED 产品。随着 Micro-LED 制造技术的不断完善，它将很快走进我们的家庭。这些信息显示器件的不断推出，为人们阅读、浏览信息带来了极大便利，也不断推动着现代电视、手机技术的进步和更新换代，为现代信息技术的发展和应用展现了一个光明的未来。

4.5 结语

光电子技术是信息技术的重要分支，也是半导体技术、微电子技术、新材料技术、光学、通信、计算机等多学科交叉产生的一门新技术。光电子器件产业是国家大力发展的高新技术产业，也是国家战略性新兴产业中的支柱产业。我国在光电子技术及产业的许多领域与世界发达国家几乎同时起步，有关光电子技术研究在国家大力支持下有了突飞猛进的进展，其中某些领域还处于世界领先地位。中国的光电子产业规模和产量已领先于欧洲、北美、日本、韩国，产业规模位列全球第一。新一代信息产业已经催生了人工智能、物联网、5G、大数据中心等众多成熟的新应用场景，为光电子技术率先突破提供了强大的需求牵引。随着信息产业技术领域国家战略的出台和信息技术的迅猛发展，我国光电子技术产业也迎来了重大发展机遇，激光技术、光纤通信技术、信息显示技术、数码摄影技术、光信息存储技术等各种光电子材料及其设备技术的不断发展，必将推动现代信息社会以更快的速度向前发展，并为人们带来更加美好的生活。

思考题

1.请阐述信息技术在现代社会发展进程中的重要作用。信息材料领域的不断创新发展与智能制造技术的崛起有何关联？

2.为什么说激光技术的出现为光电子技术的腾飞敞开了大门？举例说明激光在现代高新产业技术领域有哪些应用。

3.试说明光纤通信技术在构建全球信息网络中的重要地位。在实现超快、超大容量光纤通信时会遇到哪些挑战？

4.各种信息显示技术各有何特点？它们在人们工作与生活中又有什么作用？

新能源材料——可持续发展的根基

5.1 能源、新能源与新能源材料

（1）能源

　　能源是指一切能量比较集中的含能体和提供能量的物质运动形式。地球上的煤炭、石油、天然气等自然资源为人们提供了大量的能源，电能作为利用石油、煤、水力等自然能源转化而成的二次能源，在人们生活中更是不可或缺。页岩气是近年来发展起来的一种能源资源，它实际上是蕴藏于页岩层可供开采的天然气资源。随着页岩气资源不断被发现和开采成本的降低，页岩气作为一种新型的天然能源逐渐被人们所重视。

　　煤炭、石油、天然气、页岩气等天然能源，都是伴随着地球长期演变而生的。随着这些能源的不断消耗，它们在全球的储量不断减少而难以再生，因此把这些能源称为不可再生能源。而水能、风能、太阳能、地热能、海洋能、生物质能等非化石能源，它们在消耗过程中可以源源不断地再生，不会随着人类的使用而逐渐减少，因此称为可再生能源。在目前人类的能源消耗结构中（图 5.1），绝大多数仍然是石油、天然气、煤炭等不可再生能源，而太阳能、水电、生物质能、风能等可再生能源消耗在全球能源消耗结构中占比很小。

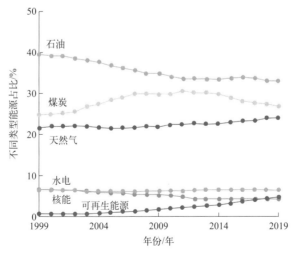

图 5.1　近年来全球能源消耗结构及变化

不可再生能源的长期大量消耗和传统能源储量的不断减少，给世界未来能源安全和可持续发展带来了极大的挑战。就石油、天然气、煤炭这三种人类使用最多的能源而言，按照目前的开采速度在中国它们的可开采年限分别只有约40年、50年和175年。人类对能源的需求量不断提高，这些不可再生能源已经难以满足人类发展的需求，能源危机迫在眉睫。与此同时，这些化石能源的使用也带来了严重的环境污染，导致了温室效应和酸雨的形成。因此能源与环境已经成为当今世界人类必须面对的一个重大问题。清洁、环保、可再生的新能源技术大规模开发与利用，已成为社会发展所必须解决的一个重大课题。

（2）新能源

所谓新能源，就是在环保理念推出之后，应对能源供应的可持续发展所提出的一种新科技理念。1981年，在联合国新能源和可再生能源会议上，对新能源下了一个定义：以新技术和新材料为基础，使传统的可再生能源得到现代化的开发和利用，用取之不尽、周而复始的可再生能源取代资源有限、对环境有污染的化石能源。上述新能源实际上都是直接或者间接地来自太阳或地球内部所产生的能量，包括太阳能、风能、生物质能、地热能、核聚变能、水能和海洋能以及由可再生能源衍生出来的生物燃料和氢所产生的能量。新能源包括各种可再生能源和核能，相对于传统能源，新能源普遍具有污染少、储量大的特点，对于解决当今世界严重的环境污染问题和资源枯竭问题具有重要意义。

从世界能源结构预测数据中可以看出，在此前数十年乃至百余年来，石油、煤炭、天然气等传统不可再生能源一直占据人类能源消耗的垄断地位。但是通过对未来几十年的发展进行预测可以发现，人类对能源供应的总消耗量始终在高速增长中，2050年全世界能源消耗总量将是目前的2倍，到2100年将达到目前的3倍；而煤炭、石油、天然气的消耗总量却在持续减少中，以光伏及太阳热能发电为代表的新能源将占据全球能源消费结构的主导地位。

（3）新能源材料

新能源材料是用于支撑新能源发展且具有能量储存和转换功能的功能材料或结构功能一体化材料，它是发展新能源技术的核心和新能源应用的基础，对新能源技术的发展发挥了重要作用。新能源材料涵盖了太阳能电池材料、热电材料、蓄热材料、镍氢电池材料、锂离子电池材料、燃料电池材料、核能材料、生物质能材料等。各种类型新能源材料的发明促进了一大批新能源系统诞生，在未来人类社会发展进程中占据越来越重要的地位。

5.2 太阳能技术及其材料

自古以来，人类和动物都是依靠太阳提供的热量而生存。人类很早就懂得利用太阳光来晒干物件，如通过晒干鱼、肉以保存食物，晒干衣服用于穿着。自太阳系形成以来，太阳辐照到地球上的能量巨大，它每秒照射到地球上的能量相当于 500 万吨煤。地球上的风能、水能、海洋波浪能、生物质能实际上都源于太阳能，即使是地球上的煤炭、石油、天然气等化石燃料，也可以说是自远古而储存下来的太阳能。从地球历史或人类历史长度上来看，太阳提供能量的时间是极其久远的。如按太阳的质量消耗速率计算，太阳可以为我们提供长达 600 亿年的能源供应，因此把太阳能比作取之不尽、用之不竭的能源，并不为过。

中国幅员辽阔、地大物博，太阳能资源非常丰富。从全国各地太阳能资源分布情况来看，总体上呈高原大于平原、西部大于东部的分布特点。其中青藏高原太阳能资源最为丰富，每年的总辐射量超过每平方米 1800 千瓦时。因此对于交通相对不便、经济欠发达的西部地区而言，充分利用太阳能资源来发展经济、改善人民生活，便是自然给予的一种极其丰厚的馈赠。

5.2.1 太阳能的利用方式

太阳能的利用方式有好几种，一般来说包括光-热转换、光-电转换、光-化学转换等几种方式。所谓光-热转换就是将太阳辐射能转换为热能加以利用，光-电转换则是将太阳辐射能直接转换为电能，光-化学转换则是利用光和物质相互作用而引起化学变化的过程。

（1）光-热转换

在光-热转换技术中，通常是通过反射、吸收或其他方式把太阳辐射能集中起来，然后转换成足够高温度。在日常生活中人们利用太阳能热水器、太阳灶、太阳房收集太阳能，都是光-热转换的一种。为了更加高效地收集太阳能并转换为所需能源，人们相继开发出多种光热转换材料以造福社会，包括利用相变储热和显热储热的蓄热材料、改善导热性能的导热材料、直接用于发电的温差热电转换材料和集热材料等。

（2）光-电转换

光-电转换就是通过太阳能电池将太阳辐射能直接转变成电能。目前市场上的光电池、太阳能电池板及其供电系统都是利用这种光电转换原理。太阳能电池的关键材料就是半导体 PN 结，当太阳光照在半导体 PN 结上时，会在 PN 结两侧形成空穴-电子对，在 PN 结内建电场的作用下，光生空穴流向 P 区，光生电子流向 N 区，接通电路后就会产生电流。这就是光电效应太阳能电池的工作原理（图 5.2）。

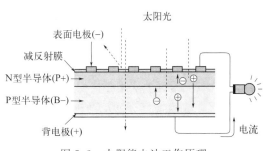

图 5.2　太阳能电池工作原理

用于制造太阳能电池的材料种类有许多，包括晶体硅太阳能电池材料、非晶硅太阳能电池材料、化合物半导体太阳能电池材料、染料敏化太阳能电池材料等。科学家不断研究和开发新的太阳能电池材料，目的就是不断提高太阳能电池的光电转换效率。

① 晶体硅太阳能电池和非晶硅太阳能电池。晶体硅太阳能电池包括单晶硅和多晶硅太阳能电池，它们都是以硅半导体材料制成的大面积 PN 结，在 P 型硅片上制作很薄的掺杂 N 型层，在 N 型层上制作金属栅线作为正面接触电极，在背面制作金属膜作为背面接触电极。这种晶体硅太阳能电池具有性能稳定、资源丰富、无毒性等优点，已成为目前市场上的主导产品。非晶硅太阳能电池是以非晶硅为基体的薄膜太阳能电池，其特点是材料和制造工艺成本低、适于制作不同需求的多品种产品、用途广、承受高温性能较好，但其光电转换效率要低于晶体硅太阳能电池。

② 化合物半导体太阳能电池。利用种类繁多的化合物半导体材料为基体可制成化合物半导体太阳能电池，也可以制成具有多种用途、多种功能特性的太阳能电池。许多化合物半导体材料具有优良的光电特性、高稳定性，宜加工成多种用途的太阳能电池。它们既可制成高效或超高效太阳能电池，又可制成低成本的大面积薄膜太阳能电池，极大地丰富了太阳能电池家族。比如，利用 Ⅱ-Ⅵ 族的化合物半导体 CdTe 和 CdS，制成的薄膜太阳能电池转换效率高、成本低、易于大规模生产；而利用 Ⅲ-Ⅴ 族化合物半导体 GaAs 和 InP，制成的薄膜太阳能电池转换效率高、抗辐照性能好，是较理想的空间太阳能电池材料。

③ 染料敏化太阳能电池。其工作原理主要是模仿光合作用原理，以低成本的纳米二氧化钛和光敏染料为主要原料，模拟自然界中植物，利用太阳能进行光合作用，从而将太阳能转化为电能。其主要优势是原材料丰富、成本低、工艺技术相对简单，在大面积工业化生产中具有较大的优势。但是液态染料存在易泄漏、有腐蚀性、封装困难、有毒污染等问题，因此其发展趋势就是开发安全高效的全固态染料敏化太阳能电池。

5.2.2 太阳能电池技术的发展趋势

太阳能电池技术发展的关键就在于其成本和光电转换效率，如何在较低成本下发出更多的电，是其取胜的关键。近年来新型的太阳能电池材料不断被开发和优化，各种太阳能电池材料的光电转换效率也在不断提升。单晶硅太阳能电池是目前市场上常见的高效率电池组件，其最高光电转换效率已突破 23%，普通单晶硅电池组件的效率也达到了 18% 以上。多晶硅太阳能电池材料的制造成本要低于单晶硅太阳能电池材料，其电池光电转换效率稍低，但也达到了 18% 以上。利用化合物半导体制造薄膜太阳能电池材料是近年来的研究热点。随着新型光电材料的不断开发，电池光电转换效率也在不断被刷新，如中国科学院半导体研究所研发的钙钛矿结构太阳能电池，其光电转换效率可达 25.6%，是目前公开的单结钙钛矿太阳能电池世界最高效率。

目前太阳能电池技术已经在全球范围得到广泛应用，尤其是我国，在祖国各地都可以看到太阳能电池的身影。许多建筑物屋顶上装备的太阳能电池面板在为用户本身供电的同时，也可并入电网发电。许多地方的大规模光伏电站和光热发电项目为祖国建设提供了大量清洁能源。太阳能电池安装便捷，也可以为飞机、汽车、轮船的航行提供动力。比如，在 2010 年，德国制造了星球太阳能号太阳能船，仅依靠太阳能完成了 5 万公里的环球航行；而在 2016 年，瑞士飞行员驾驶阳光动力 2 号太阳能飞机，完成了人类首次完全依靠太阳能的载人环球飞行。

5.3 能量存储技术与新能源汽车

（1）能量存储的定义

在现代新能源技术领域，除了利用太阳能、风能、地热能、核能等一些新型能源进行发电，为人们提供更多的清洁能源的同时，能源的存储也是一个重要的环节。所谓能源存储，主要是指将电能通过一定的技术转化为化学能、势能、动能、电磁能等形态，使转化后能量具有空间上可转移，或时间上可转移，或质量可控制等特点，可以在适当的时间、地点以适合用电需求的方式释放。

比如说在现代电网中，发电厂除了在白天发电供给民用和工业用电外，如果能将晚上发出的富余电量存储下来，转而供给白天使用，进行削峰填谷，将是一种非常高效的能源使用手段。尤其是在飞机、汽车等一些移动交通工具中，必须采用能量预先存储的方式来替代现行的汽油、柴油等传统能源。如何更为高效地存储和按需释放能量，为新能源技术的开发提出一个重要课题。近年来，以新能源汽车为代表的储能电池材料的研发和应用日益占据重要地位。

（2）汽车与电动汽车的发明

汽车的发明迄今已有 100 多年的历史。1876 年德国科学家奥托制成了世界上第一台四冲程往复活塞式内燃机。1883 年，曾和奥托合作过的德国工程师戴姆勒发明了汽油蒸气内燃机，并在 1885 年把这种内燃机装在了木制自行车上，第二年又装到了四轮马车上。同年，德国的本茨把汽油内燃机装在了三轮车上。1886 年 1 月 29 日，他获得了世界上第一辆汽车的发明专利权，标志着世界上第一辆汽车诞生。在此后的几十年里，许多知名的汽车制造企业纷纷诞生，标志着汽车时代的崛起。

在汽油内燃机汽车大量发展的同时，世界各国也在尝试利用储能电池作为动力来开发一些电动汽车。1842 年苏格兰的发明家罗伯特·安德森等人采用不可充电的玻璃封装蓄电池，打造了世界上第一辆以电池为动力的电动汽车，标志着电动汽车大门的开启。1847 年美国人摩西·法莫制造了世界上第一辆以蓄电池为动力的电动汽车。此后百余年里各种各样的电动汽车纷纷涌现，但当时这些电动汽车上的储能电池技术相当落后，电动汽车行驶里程很短。在石油工业蓬勃发展的时代，与以汽油为燃料的内燃机汽车相比电动汽车毫无竞争优势，因此电动汽车的市场几乎消失。

（3）新能源汽车

随着现代工业发展和人类对能源需求的迅猛发展，石油资源过度开采，日益枯竭，利用汽油内燃机汽车撑起人们交通出行的巨量需求已经变得越来越不可持续。因此以新能源为动力、以新型储能技术驱动汽车及其他交通工具，已成为未来汽车发展的必由之路。

新能源汽车是指采用新型动力系统，完全或者主要依靠新型能源驱动的汽车。从广义上讲，只要不用汽油驱动的都是新能源汽车；但在狭义上就是指纯粹靠电能驱动的车辆。与传统内燃机汽车相比，新能源汽车最主要的标志在于装备了电能储存系统（即电池组）以及提供驱动力的电动机两大系统。从能源提供形式来分，目前新能源汽车又可分为纯电动汽车、插电式混合动力汽车、燃料电池汽车和超级电容器汽车等几种常见类别。其中，纯电动汽车、燃料电池汽车和超级电容器汽车都是采用的电化学储能技术，插电式混合动力汽车则兼有电化学储能和汽油机供能两种模式。

（4）电化学储能技术

电化学储能技术的种类有好几种，包括锂离子电池、锌锰电池、钠硫电池、铅酸蓄电池、液流电池、镍镉电池、镍氢电池、超级电容器等。在其发展历程中，最早使用的是铅酸蓄电池。

① 铅酸蓄电池。它的电极材料主要由铅及其氧化物制成，电解液是硫酸溶液。铅酸蓄电池自 1859 年发明以来，得到了最为广泛的应用，直到现在也没有被替代。但是铅酸蓄电池中铅的大量使用也造成了一定的环境问题。

② 锌锰电池。是 1868 年发明的，它以二氧化锰为正极，锌为负极，氯化铵水溶液为主电解液，俗称干电池。

③ 镍镉电池。是 1899 年发明的，它的正极为氢氧化镍，负极为镉，电解液是氢氧化钾溶液。具有循环寿命长、性能稳定、大电流放电等功能，但是较大的记忆效应导致其服务寿命大幅度缩短，同时金属镉有毒，易造成环境污染。

④ 镍氢电池。是镍镉电池的升级换代产品，其正极为氢氧化镍，负极为金属氢化物，电解液为氢氧化钾溶液。它具有高容量、环境污染小、记忆效应小等优点，目前在许多消费电子产品当中得到了大量的应用。

⑤ 钠硫电池。由熔融电极和固体电解质组成，负极的活性物质为熔融金属钠，正极活性物质为液态硫和多硫化钠熔盐。钠硫电池作为一种新型化学电源，自问世以来已有了很大发展。它体积小、容量大、寿命长、效率高，在电力储能中广泛应用于削峰填谷、应急电源、风力发电等储能领域。

5.4 锂离子电池与超级电容器

5.4.1 锂离子电池

锂离子电池是 20 世纪 80 年代以后发明的，目前是新能源汽车上运用最多的一种储能电池材料，具有重量轻、容量大、无记忆效应等优点，在医疗、电子通信、航空、军事交通等领域也得到了广泛应用。2019 年瑞典皇家科学院诺贝尔化学奖授予约翰·古迪纳夫、斯坦利·惠廷厄姆和吉野彰，以表彰他们在锂离子电池研发领域作出的贡献。

（1）锂离子电池的工作原理

锂离子电池是一种二次电池（即充电电池），主要依靠锂离子在电池正极和负极之间移动来工作。在充放电过程中，锂离子在两个电极之间往返嵌入和脱嵌。充电时，锂离子从正极脱嵌，经过电解质嵌入负极，负极处于富锂状态；放电时则相反。锂离子电池因这种工作模式而被形象地称为"摇椅电池"（图5.3）。

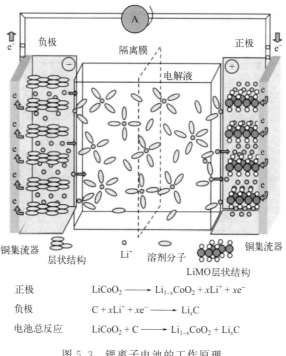

$$正极 \quad LiCoO_2 \longrightarrow Li_{1-x}CoO_2 + xLi^+ + xe^-$$

$$负极 \quad C + xLi^+ + xe^- \longrightarrow Li_xC$$

$$电池总反应 \quad LiCoO_2 + C \longrightarrow Li_{1-x}CoO_2 + Li_xC$$

图5.3　锂离子电池的工作原理

（2）锂离子电池的组成

锂离子电池主要由正极、负极、电解液、隔离膜与外壳材料等5个部分组成。其正极材料包括磷酸铁锂、锰酸锂、钴酸锂、镍酸锂、镍钴锰酸锂三元材料等几种。它是决定锂离子电池性能和成本的重要因素，是制约电池容量进一步提高的关键因素，也是电池能量密度提高的关键技术突破方向。正极材料在动力电池生产成本中占20%～30%。

锂离子电池负极材料包括石墨或近似石墨结构碳材料、锡基负极材料、含锂过渡金属氮化物负极材料、合金类负极材料等，是锂离子电池的重要组成部分。性能优异的负极材料应具备较高比能量、充放电反应好、与电解液兼容性好等特点。负极材料主要影响锂离子电池的首次效率、循环性能，也直接影响锂离子电池的性能，约占锂离子电池成本10%～15%。

锂离子电池的电解液号称锂离子电池的"血液"，一般由高纯度的有机溶剂、电解质、添加剂等在一定条件下，按一定比例配制而成。电解液在电池正负极间起着离子导电、电子绝缘的作用，电解液的性质对电池的循环寿命、工作温度范围、充放电效率、电池的安全性及功率密度等性能有重要的影响，其成本约占锂离子电池生产成本的5%～10%。常见的锂离子电池电解液包括液态电解液、聚合物电解液、无机固体电解液等。其中无机固体电解液又称锂快离子导体，包括陶瓷电解液和玻璃电解液。如利用无机固体电解液制成固态电池，将具有能量密度高、体积小、柔顺性好、更安全等特点，但目前尚没有实现商业化。

（3）用于新能源汽车的锂离子电池

目前应用于新能源汽车的锂离子电池有多种，各自特点见表5.1。

表 5.1　常见新能源汽车蓄电池的种类和基本特征

	类型	比能量/[(W·h)/kg]	电池单体标称电压/V	安全性	理论循环使用寿命/次	商品化程度	代表车型
	铅酸蓄电池	30~50	2左右	好	500~800	已淘汰	—
	镍镉电池	50~60	1.2	较好	1500~2000	已淘汰	—
	镍氢电池	70~100	1.2	好	1000	现使用	现款,普锐斯
锂离子电池	锰酸铁锂电池	100	3.7	较好	600~1000	已淘汰	早期,普锐斯
	铅酸铁锂电池	70	3.6	差	300	已淘汰	特斯拉 Roadster
	磷酸铁锂电池	100~110	3.2	好	1500~2000	现使用	腾势
	三元铁锂电池	200	3.8	较差	2000	现使用	特斯拉 Model S

随着新能源汽车产业的高速发展，全球对锂离子电池的需求量也在不断上升中。车用动力电池材料要求具有高能量密度和功率密度、倍率性能好、安全稳定、低成本、长寿命、宽工作环境等特点。在新型锂离子电池开发中，材料是锂离子电池的核心，设计微纳结构、优化性能、发展制备及规模化制备技术则是获得高性能材料和电池的关键和难点。新型高性能锂离子电池材料的开发方兴未艾。

5.4.2　超级电容器

在 2010 年的上海世博会园区里，人们第一次看到了一种新型能源客车——超级电容客车。这种汽车不以汽油为动力源，而是利用超级电容器为其储能源，充电快、清洁环保。超级电容器又称为电化学电容器，是近年来兴起的一种新型储能系统。它们可以被认为是类似于普通电容器和电池的混合体，但又不同于两者。就像电池一样，超级电容器也具有由电解液隔开的正极和负极。但是与电池不同的是，超级电容器像电容器一样以静电的方式储存能量，而不是像电池那样以化学的方式储存能量（图5.4）。

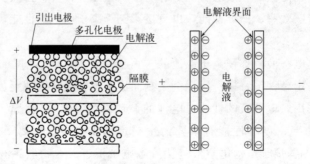

图 5.4　超级电容器结构及工作原理

与电池相比，超级电容器比同样大小电池存储的能量要少，但由于其放电不依赖于化学反应，因此它能够更快地释放电量，功率密度较高。此外，对于超级电容器，由于电荷存储在它们内部时不会发生物理或化学变化，因此可以多次充电而衰减很少，体现出使用寿命长的优点。因此，与锂离子电池相比，超级电容器的优势在于其安全、环保、使用寿命长、功率密度高、能快速充放电（见表5.2），但其能量密度比较低。因此在新型超级电容器材料开发时，重点就在于设法不断提高其能量密度。同时在实际使用中，也可将超级电容器与锂离子电池配合使用，即利用超级电容器的特点提供高电能量和电功率供给，满足电动汽车启动、加速、爬坡、制动的大功率需求。

表 5.2　超级电容器和锂离子电池的性能比较

项目	超级电容器	锂离子电池
充电时间	1~10 秒	10~60 分钟
循环寿命/次	>10^6（双电层超级电容器）	500~10000
能量密度/[（W·h)/kg]	~60	200~350
功率密度/(W/kg)	~10^4	1000~3000
充电温度/℃	-40~65	0~45
放电温度/℃	-40~65	-20~60
自放电率/%(30 天)	5~40	<5

5.5　燃料电池

新能源汽车技术中的另一种动力电池技术就是燃料电池。不同于锂离子电池和超级电容器技术，燃料电池是一种直接将燃料所具有的化学能转换成电能的电化学装置。它储存的是燃料及其氧化剂，而非电量。在发电过程中，将储存的燃料与氧化剂通过电化学反应直接转换成电能，因此理论上它可在接近100%的热效率下运行，具有很高的经济性。当然受目前的种种技术因素限制，燃料电池实际总的能量转换效率多在45%~60%范围内，如考虑排热利用可达80%以上。

（1）燃料电池的组成

燃料电池主要由阳极、阴极、电解液和外部电路四部分组成。燃料气和氧化气分别由燃料电池的阳极和阴极通入，通过化学反应构成回路产生电流（图5.5）。

氢氧燃料电池以氢气作燃料为还原剂，氧气为氧化剂。它在工作时，电池向负极供给燃料（氢），向正极供给氧化剂（氧气）。氢在负极上的催化剂的作用下分解成氢离子和电子，氢离子进入电解液中，而电子则沿外部电路移向正极。用电的负载就接在外部电路中。在正极上，氧气同电解液中的氢离子吸收抵达正极上的电子形成水。这正是水的电解反应的逆过程。因此，燃料电池在发电过程中没有机械传动部件，没有噪声污染，排放出的有害气体极少，清洁环保。

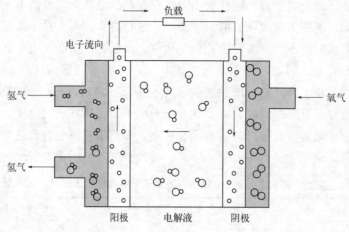

图 5.5　燃料电池的工作原理

（2）燃料电池的类型

燃料电池按电解质和工作原理不同，可分为碱性燃料电池（AFC）、磷酸燃料电池（PAFC）、熔融碳酸盐燃料电池（MCFC）、固体氧化物燃料电池（SOFC）、质子交换膜燃料电池（PEMFC）、直接甲醇燃料电池（DMFC）等。

① 碱性燃料电池（AFC）。使用的电解液为水溶液或稳定的氢氧化钾基质，工作温度大约80℃，启动较快、低温性能好、成本低，可用于小型固定发电装置。

② 磷酸燃料电池（PAFC）。使用液体磷酸为电解液，通常将其包裹在碳化硅基质中，它的工作温度要高于碱性燃料电池，在150～200℃。这种燃料电池可以使用空气作为应急反应气体，对杂质的耐受性较强，适合用作固定电站，为医院、学校和小型电站提供动力。

③ 熔融碳酸盐燃料电池（MCFC）。由多孔陶瓷阴极与电解质隔膜、多孔金属阳极等构成，是一种高温电池，其工作温度在600～700℃，具有效率高、燃料多样化、余热利用价值高、电池构造材料价廉等优点，可以使用氢气、煤气、天然气和生物质作为燃料，可用于未来的绿色电站。

④ 固体氧化物燃料电池（SOFC）。是一种可在中高温下工作的高效、全固态化学发电装置，它具有燃料适用性广、能量转化效率高、全固态、模块化组装、零污染等优点，可直接使用氢气、一氧化碳、天然气、液化气、煤气、生物质气等多种碳氢燃料。SOFC 既可以作为固定电站使用，也可以用于船舶、交通车辆等移动电源，具有广阔的应用前景。

⑤ 质子交换膜燃料电池（PEMFC）。由阳极、阴极和质子交换膜组成，其能量转换效率高、发电时不产生污染、安全可靠、组装和维修方便，是一种清洁高效的绿色环保能源。

⑥ 直接甲醇燃料电池（DMFC）。直接使用甲醇水溶液或蒸汽、甲醇为燃料，具有低温快速启动、燃料洁净环保、电池结构简单等特点，有可能成为未来便携式电子产品应用的主流。

氢能作为一种清洁能源，热值高、资源丰富，燃烧后生成水，不产生二次污染；它既能用于燃料电池电站发电，也可用于氢能汽车，已经成为新能源技术及新能源汽车的一个重要发展方向，受到世界各国特别关注。

燃料电池汽车直接利用氢气作为燃料，有着零排放、加氢速度快等优点。在能量密度上，氢能转电能的理论转化效率接近100%，电动机把电能转化成机械能的能量转化效率也在90%以上。因此燃料电池动力的能量密度相当于传统燃油动力的将近10倍。但是，由于氢气提取成本高，且制造、运输、储存、加注等多方面都有一定的技术难度，目前在国内尚未形成完整的产业链体系，从而影响氢燃料电池在新能源汽车领域的进一步推广。随着制氢、储氢技术的不断成熟，氢燃料电池汽车必将得到迅速发展。

5.6 结语

随着现代社会生产力的高速发展和人民生活水平的迅速提高，社会对能源的需求仍将不断提升，国家对新能源的重视程度也日益提升。在国家发展改革委、国家能源局制定的《关于促进新时代新能源高质量发展的实施方案》中，锚定到2030年我国风电、太阳能发电总装机容量达到12亿千瓦以上的目标，加快构建清洁低碳、安全高效的能源体系。该方案同时要求，必须坚持以习近平新时代中国特色社会主义思想为指导，完整、准确、全面贯彻新发展理念，统筹发展和安全，坚持先立后破、通盘谋划，更好发挥新能源在能源保供增供方面的作用，助力扎实做好碳达峰、碳中和工作。

近年来，我国新能源及材料产业集聚特征显现，初步形成了环渤海、长三角、西南、西北、中西部等核心新能源产业集聚区。在双碳目标驱动下，"绿色经济"已经使掌握核心技术的国内创新型新材料企业显现发展优势，新能源及材料产业发展迎新机遇。以清洁环保、可持续发展为代表的各种新能源材料及其新能源技术的不断发展，必将给人们带来美好生活，成就可持续发展明天。

思考题

1. 请比较硅基、化合物半导体、染料敏化太阳能电池的性能特点。
2. 试比较锂离子电池和超级电容器两种储能器件的性能特点及其应用。
3. 结合锂离子电池和燃料电池的特点，试论述它们在新能源汽车上的应用现状与未来发展趋势。
4. 新能源技术及材料的不断创新对于国民经济与人类社会可持续发展有何意义？

第 6 章

生态环境材料——美丽社会的支撑

6.1 环境污染触目惊心

当今世界环境问题、环境污染非常突出，全球性的三大危机，即资源短缺、环境污染、生态破坏，其中环境问题就占了 2/3。环境污染种类繁多，包括大气污染、水污染、土壤污染等。例如，再不遏制空气污染，我们就得不到新鲜的空气，清新的空气将成为奢侈品。雾霾已经成为大家熟悉的一个名词了，它是由空气中的灰尘、硫酸、硝酸等颗粒物组成。北宋诗人秦观有首词写道："雾失楼台，月迷津渡。桃源望断无寻处"。如今，这首诗成了城市雾霾的真实写照，深受雾霾危害的我们已经开启了隐身模式，我们所在的城市成了词中的真实写照。沙尘暴也成了很多地区的环境治理顽疾，遇到沙尘刮起，漫天黄沙，整个天空变成了黄色，大家苦不堪言。酸雨主要发生在南方地区，早在 2001 年，在 264 个国内城市中，雨水 pH 值小于 5.6 的就有 95 个城市，占到了监测城市的 35.98%；出现酸雨的城市，达到了 158 个，占监测城市的 59.85%。酸雨对环境的污染造成了严重的影响。而水污染更是触目惊心，世界卫生组织调查表明，全世界 80% 的疾病、50% 的儿童死亡，都与饮用水被污染有关系；全国 82% 的河流、90% 的城市地下水，都遭受了污染，其中 60% 的污染严重。水污染事故每年都要发生 1700 起以上，例如蓝藻爆发、河水变黑、河水变红等都是水污染的种种体现形式。在历史上就曾经发生过世界著名的日本水俣病事件，是在 1956 年日本水俣湾出现的一种奇怪的病，这种"怪病"被称为"水俣病"，是最早出现的由工业废水排放污染造成的公害病。

由于大规模现代化农业生产的实现及大量使用化肥、农药、杀虫剂等，土壤遭受到不同程度的污染。现代工业及城市化排出的废气、废水、废渣中的各种污染物，经不同途径使土壤受到污染。曾经有新闻报道，某焦化厂受污染的土壤散发异味，半夜熏醒了居民。土壤的重金属污染也是不可忽略的，据统计，中国内地中、重度污染耕地大约为 5000 万亩，严重威胁到粮食的生产安全。固体废弃物是指生产和生活活动中丢弃的固体、半固体物质。目前各大城市呈现垃圾围城的态势，广大居民几乎生活在城市垃圾中，每天产生的垃圾量巨大，环卫部门压力巨大。

2005 年 8 月 15 日，时任浙江省委书记的习近平同志在浙江湖州安吉考察时，首次提出了"绿水青山就是金山银山"的科学论断，后来，他又进一步阐述了"绿水青山"与"金山银山"之间三个发展阶段的问题。2017 年 10 月 18 日，习近平总书记在"十九大"报告中指出，坚持人与自然和谐共生，必须树立和践行"绿水青山就是金山银山"

的理念，坚持节约资源和保护环境的基本国策。2021年10月12日，习近平主席在《生物多样性公约》第十五次缔约方大会领导人峰会视频讲话中提出："绿水青山就是金山银山"。

良好生态环境既是自然财富，也是经济财富，关系经济社会发展潜力和后劲。我们要加快形成绿色发展方式，促进经济发展和环境保护双赢，构建经济与环境协同共进的地球家园。因此，从材料的角度解决环境问题将具有重要意义。

生态环境材料是人类主动考虑材料对生态环境的影响而开发的材料，是在充分考虑人类、社会、自然三者相互关系的前提下提出的新概念。这一概念符合人与自然和谐发展的基本要求，是材料产业可持续发展的必由之路。生态环境材料是在人类认识到生态环境保护的重要战略意义和世界各国纷纷走可持续发展道路的背景下提出来的，是国内外材料科学与工程研究发展的必然趋势。

6.2 白色污染与生物降解高分子材料

6.2.1 白色污染

合成有机高分子材料给人们的生活、生产带来了极大的便利，同时也带来了严重的环境问题。非生物降解合成材料尤其是塑料包装材料在废弃后会给环境带来极大的负面影响，即造成所谓的"白色污染"。据报道，塑料正以每年2500万吨的速度在自然界中堆积。如何应对"白色污染"成为了人们普遍关注的问题。而白色污染产生的原因，从材料的角度来说，主要是由于塑料大多数是不可降解的由碳碳主链构成的石油基产品。20世纪90年代初高分子化学家就指出C—C键不能酶解与水解，要断键除非光解与氧化，但这种断键聚乙烯实际上只是成为碎片留存于土壤中，仍然会长期毒害土壤。因此开发完全可生物降解材料成为一个新的课题。

白色污染的危害非常严重。塑料垃圾中，一次性塑料袋、塑料饭盒占60%。塑料垃圾增长最明显的是闹市区和消费水平较高的生活区。长江葛洲坝岸边漂浮堆积的"白色垃圾"，足容得下多人站立而不下沉。目前，长江上游顺江而下的大量"白色垃圾"不仅严重污染水面，也给葛洲坝水电站和三峡水利枢纽的运行发电带来严重安全隐患，清理这些"白色垃圾"迫在眉睫。有新闻报道，在太平洋里惊现第八大陆——垃圾岛，有6个英国国土那么大。在过去60年间，这个垃圾岛的面积一直在逐渐扩大。据报道，这里的垃圾多达1千万吨，垃圾种类繁多，有塑料袋、装沐浴露的塑料瓶、拖鞋、儿童玩具、轮胎、饮料罐甚至塑料泳池……

在塑料垃圾的回收方面，目前每天只有不到30%的塑料垃圾流入回收再利用市场，而近70%的塑料垃圾都被填埋处理，这些垃圾大部分是很难降解的。填埋不仅占用土地资源，而且一般需100多年才能降解，导致了垃圾填埋场封场速度加快，同时也给封场后的绿化和开发利用带来困难（图6.1）。

对于白色污染的治理，人们提出了多种手段和方法，也取得了一定的成效。为了保护人类的生存环境，人们开始着手利用废弃塑料，使它成为有用的资源。主要有以下几

(a)   (b)   (c)

(d)   (e)

图 6.1   白色污染的危害以及垃圾填埋占用大量土地资源

个方面:①直接用作材料。如回收聚乙烯塑料并制成再生薄膜,用作包装袋。②热解成单体。如有机玻璃热解得到单体,再重新聚合为成品;又如,聚苯乙烯包装材料和一次性饭盒用 BaO 处理,使其在高温下分解成单体,然后再制成树脂。③制成燃油和燃气。不能或难以分解的塑料可在催化剂存在下,热解成柴油、煤油和汽油,甚至裂解为气态烃和氢气作燃料。④制造易降解材料。

6.2.2   生物降解高分子材料

开发生物降解高分子材料,是一种有效和有前景的白色污染治理途径。生物降解高分子材料是指在自然界微生物或人体及动物体内的组织细胞、酶和体液的作用下,其化学结构发生变化,致使分子量下降及性能发生变化的高分子材料。生物降解高分子材料的原材料可以来自自然界,生产的产品经过使用以后,丢弃到自然界,再通过生物降解过程,最终转变为二氧化碳和水,对环境不会产生任何的污染,是一种绿色环保的材料(图 6.2)。

(a)   (b)   (c)

图 6.2   可降解高分子材料制备的用品

（1）生物降解材料的发展背景

生物降解塑料由于具有良好的降解性，主要用作食物软硬包装材料，这也是现阶段其最大的应用领域。生物降解塑料主要的目标市场是塑料包装薄膜、农用薄膜、一次性塑料袋和一次性塑料餐具。相比传统塑料包装材料，新型降解材料成本稍高。但是随着环保意识的增强，人们愿意为保护环境而使用价格稍高的新型降解材料，环保意识的增强给生物降解新材料行业带来了巨大的发展机遇。随着中国经济的发展，成功举办奥运会、世博会等多项震惊世界的大型活动，以及对各世界文化遗产及国家级风景名胜所在地保护的需要，塑料造成的环境污染问题愈发被重视，各级政府已将治理白色污染列为重点工作之一。

欧洲、美国、日本等发达地区和国家相继制定和出台了有关法规，通过局部禁用、限用、强制收集以及收取污染税等措施限制不可降解塑料的使用，大力发展生物降解新材料，以保护环境、保护土壤。其中法国 2005 年即出台政策规定所有可拎一次性塑料袋在 2010 年后必须可生物降解。

同时，中国也陆续出台了多项政策鼓励生物降解塑料的应用和推广。2004 年全国人大通过了《中华人民共和国可再生能源法（草案）》和《中华人民共和国固体废物污染环境防治法（修订）》，鼓励再生生物质能的利用和降解塑料的推广应用；2005 年，国家发展改革委第 40 号文件明确鼓励生物降解塑料的使用和推广；2006 年，国家发展改革委启动关于推广生物质生物降解材料发展的专项基金项目；2007 年 1 月 1 日实施的《降解塑料的定义、分类、标识和降解性能要求》（GB/T 20197—2006）得到了欧洲、美国和日本等地区和国家的承认，为中国企业出口产品提供了便利。

（2）常见生物降解高分子材料

下面了解几种生物降解高分子材料。

① 热塑性淀粉树脂降解塑料。将淀粉分子变构而无序化，形成具有热塑性的淀粉树脂，再加入极少量的增塑剂等助剂，就是所谓的全淀粉塑料。其中淀粉含量在 90% 以上，而加入的少量其他物质也是无毒且可以完全降解的，所以全淀粉塑料是真正的完全降解塑料。几乎所有的塑料加工方法均可应用于加工全淀粉塑料。全淀粉塑料是国内外认为最有发展前途的完全生物降解塑料。日本住友商事株式会社、美国 Wanler Lambert 公司和意大利的弗罗茨公司等宣称研制成功淀粉质量分数在 90%～100% 的全淀粉塑料，产品能在 1 年内完全生物降解而不留任何痕迹，无污染，可用于制造各种容器、薄膜和垃圾袋等。德国贝特勒研究所用直链含量很高的改良青豌豆淀粉研制出可降解塑料，可用传统方法加工成型，作为聚氯乙烯的替代品，在潮湿的自然环境中可完全降解。

② 二氧化碳基生物降解塑料。研究人员发现二氧化碳可与环氧化物开键开环聚合生成脂肪族聚碳酸酯（APC），这是迄今最有应用前景的二氧化碳共聚物。研究人员用二氧化碳、环氧丙烷和含酯键的环氧化物的三元共聚物作药物缓释剂。还有人用蒸发溶剂的方法制备聚甲基乙撑碳酸酯（PPC）微球作为药物缓释体系的载体，并研究影响该体系释药速率的因素，如 PPC 的分子量、药物含量等。结果表明，随着微球直径的减

小或负载药物浓度的增加，释药速率增加，但释药速率和生物降解性能与共聚物的分子量无关；通过扫描电子显微镜观察释药前后微球形态，确认PPC微球支持了药物的长效、均匀释放。美国专家采用一项新的技术，使用特殊的锌系催化剂，将二氧化碳和环氧乙烷（或环氧丙烷），按一定的比例混合共聚，便制成了具有新特性的塑料包装材料。吉林石油集团有限责任公司与中国科学院长春应用化学研究所协作实施的二氧化碳基完全生物降解塑料，是一个具有广阔发展前景的新型高科技环保材料。

（3）化学合成型生物降解高分子材料

目前用于生物降解材料的多糖类天然高聚物主要有淀粉、纤维素、壳聚糖、木质素、果胶及它们的衍生物等。壳聚糖又称脱乙酰甲壳素，是甲壳素脱除乙酰基后所得的产物。壳聚糖是目前自然界中发现的唯一带正电荷的可食性动物纤维，也是一种脂质吸附剂，被誉为人体生命第六要素。

由于天然高分子材料种类有限，功能也具有一定的局限性，因而需要制备大量的化学合成型生物降解高分子材料。该类生物降解高分子材料多是在分子结构中引入酯基结构的聚酯材料（图6.3），工业化的有聚乳酸（PLA）和聚己内酯（PCL）。其中，PLA被认为是最重要的可完全生物降解的高分子材料之一。由于制备工艺、成本的限制，该类材料的研究起步较晚，但越来越受到重视。此外，由于可完全降解，所以应用前景较好。使用聚乳酸制成各种塑料制品（包装盒、包装袋、农用地膜等），在与所盛或所装物品一同丢弃后，被运送至垃圾填埋场或堆场，经过一段时间堆肥处理后，聚乳酸材料可完全被降解为二氧化碳和水，剩下的有机废料可以通过堆肥变成有机肥料，变废为宝。用聚乳酸制成的塑料杯，40天后几乎被完全降解。PCL塑料具有良好的生物降解性，熔点是62℃，分解它的微生物广泛地分布在喜气或厌氧条件下。作为可生物降解材料，可把它与淀粉、纤维素类的材料混合在一起，或与乳酸聚合使用。此外，聚丁二酸丁二醇酯（PBS）及其共聚物也属于该类生物降解高分子材料，以PBS（熔点为114℃）为基础材料制造各种高分子量聚酯的技术已经达到工业化生产水平。

（4）微生物合成型生物降解高分子材料

微生物也可以用来合成可降解塑料。聚β-羟基丁酸酯（PHB）是细菌与藻类的贮存发酵产物，20世纪70年代由英国ICI公司开发成功并进行生产，它可以完全生物降解，但力学和热学性能不佳。为了改善这一点，另一家公司开发了β-羟基丁酸酯与β-羟基戊酸酯（HV）的共聚物，得到了性能良好、可完全生物降解的高分子材料。0.025mm厚的PHB或PHB-HV膜在海水中6周已穿孔，堆肥7周可降解70%～80%。PHB-HV可以制成瓶、膜和纤维，应用广泛。到目前为止，已发现100种以上的细菌能够生产PHB。通常，在自然环境中微生物能储备干燥菌体质量5%～20%的PHB。在合适的条件，如碳源过量、限制氮和磷等发酵条件下，PHB含量可以达到细胞干重的70%～80%。自然界中许多属、种的细菌在细胞内都能积累PHB颗粒，如产碱杆菌、甲基营养菌及鞘细菌等。

图 6.3　化学合成型生物降解高分子材料
（a）聚乳酸；（b）聚乳酸制品；（c）聚己内酯；（d）聚己内酯制品

（5）新型塑料袋——Solubag

一杯清水，放进去一个塑料袋，几分钟后塑料袋溶于水，演示人拿起杯子一饮而尽。这可不是一场魔术表演，演示人是智利 Solubag 公司总经理罗贝托·阿斯泰特。2018 年，该公司在智利首都圣地亚哥举行了这场轰动全球的新闻发布会，公布了一种新型塑料袋，命名为"Solubag"。这项技术完全属于"中国制造"，技术研发方为华南理工大学崔跃飞高级工程师。神奇的水溶性塑料袋原料是聚乙烯醇（PVA），PVA 不但能溶于水，且是绿色、环境友好型塑料。不过，即使该材料无毒无害，也不建议吃、喝，因为材料不是食物，食品生产和工业产品生产的环境和技术要求是有差异的。

如何让 PVA 的生产变成像生产塑料一样简单。塑料具有可塑性，一般通过加热达到熔点以上即实现流动性，但 PVA 并不具备这种热可塑性。PVA 熔点在 $220 \sim 230℃$，如果按传统塑料的加工方法生产 PVA，加热到 $180℃$ 后它就开始分解，完全失去流动性，整个设备被黏住无法使用。为了降低 PVA 的熔点温度，实现 $180℃$ 以下的低温加工，崔跃飞找来各种原料与之一一匹配，最终筛选出几种适合的原料。原料中有一些物质有害、不符合环保要求，他就不断筛选、替代，从第一代技术升级到目前产业化量产的第三代技术，先后筛选了近 500 种原料，最终淘汰掉常规使用的一些有毒有害物质。经过长达 6 年的"长跑"，崔跃飞终于完成无毒无害、冷水可溶性聚乙烯醇材料的热塑性加工技术突破，拥有 36 个相关专利，形成专利池。

该技术的成功对产业有另一种重要意义。我国 PVA 的年产能已达到 100 万吨以上，居世界第一。但由于应用领域较窄，出现产能过剩。如果可用作环保产品的原料，很快就能提升产业链。智利 Solubag 公司的罗贝托·阿斯泰特已在中国寻找这种材料两年多，当他看到崔跃飞这项技术，立刻与其合作，负责国际市场推广和销售。2018 年 8 月，智利颁布禁塑法，禁止全国所有超市、商铺向购物者提供塑料袋。每年有 800 万吨塑料流入海洋，导致海洋生物死亡。减少白色污染，不仅是智利，同时也是全球保护环境的必然趋势。PVA 材料具有水可溶性，溶入水中几分钟后就会消失，不会污染和破坏水源水质。当它溶于水形成胶液渗入土壤中，具有土壤改良作用，可增加土壤的团黏化、透气性和保水性，延缓化肥的流失，特别是对钾肥有增效作用，有利于作物的生长，特别适合于沙土改造。

（6）生物降解型塑料的发展方向

生物降解型塑料的发展方向是：①利用纤维素、淀粉、甲壳质等高分子材料制取生物降解塑料，进一步开发改良天然高分子的功能与技术。②利用高分子设计，精细合成技术合成生物降解塑料。通过对具有生物降解性的合成高分子生物降解机理的解析，制取生物降解塑料；同时对这类高分子与现有通用聚合物、天然高分子、微生物类聚合物等的嵌段共聚进行研究开发。③提高生物降解塑料的生物降解性能和降低其成本，并拓宽应用。④降解速度的控制研究。总之，随着社会的需求的增长，生物降解塑料会越来越受到重视，成为今后一个时期的重大研究课题。

6.3 水处理膜材料

（1）分离膜的定义及分离原理

分离膜是指能以特定形式限制和传递流体物质的分隔两相或两部分的界面。膜的形式可以是固态的，也可以是液态的［图 6.4（a）］。被膜分隔的流体物质可以是液态的，也可以是气态的。分离膜是一种特殊的、具有选择性透过功能的薄层物质，它能使流体内的一种或几种物质透过，而其他物质不透过，从而起到浓缩和分离纯化的作用。自膜技术问世以来，微滤膜、离子交换膜、反渗透膜、超滤膜、气体膜等分离相继得到广泛应用。由于其可在维持原生物体系环境的条件下实现分离，并可高效地浓缩、富集产物，有效地去除杂质，加之操作方便、结构紧凑、能耗低、过程简化、无二次污染，且不需添加化学物品，因而是一种理想的分离技术。

首先来了解一下膜分离过程。膜分离是以对组分具有选择性透过功能的膜为分离载体，在膜两侧施加（或存在）一种或多种推动力，使原料中的组分选择性地优先透过膜，从而使混合物分离，并使产物提取、浓缩、纯化等的一种新型分离过程。膜分离管道结构见图 6.4（b）。渗透过程是指水通过；渗析过程是指溶质通过。膜分离的推动力有：压力差（也称跨膜压差）、浓度差、电位差、温度差等。微滤（MF）、超滤（UF）、纳滤（NF）与反渗透（RO）都是以压力差为推动力的膜分离过程。

（2）膜分离的特征和应用

膜分离技术是基于具有选择性分离功能的薄膜材料，以及以其为核心的装置、过程、工艺的集成与应用。膜分离的特点是：无相变、低能耗；高效率、污染小；工艺简单、操作方便；便于与其他技术集成。膜分离材料的应用非常广泛，在水资源领域，如海水淡化、工业废水处理、城市废水资源化等；在能源领域，如天然气利用、生物质利用、燃料电池等方面；在传统工业领域，如冶金、制药、食品、化工与石化、电子等方面；在生态环境领域，如二氧化碳控制、除尘、洁净燃烧等方面都需要使用大量的膜材料。人们甚至建造了以膜材料膜分离为特点的自来水厂。巴黎瓦兹河梅里市建造了膜法自来水厂，是一座每天产14万立方米洁净自来水的纳滤厂，可以每天为巴黎附近50万居民提供14万吨饮用水［图6.4（c）］。该厂采用的是纳滤膜分离技术，纳滤膜的特点是孔径在1nm以上，一般为1～2nm，是允许溶剂分子或某些低分子量溶质或低价离子透过的一种功能性的半透膜［图6.4（d）］。

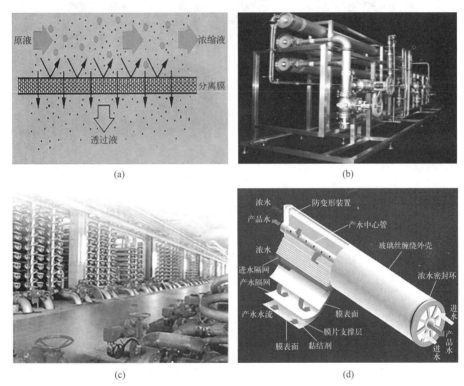

图6.4　膜分离技术
（a）膜分离机理；（b）膜分离管道结构；
（c）巴黎瓦兹河梅里市膜法自来水厂；（d）纳滤膜结构

（3）膜组件

进行水处理的膜材料需要组装成膜组件，核心是膜元件，即膜芯。膜组件（module）是按一定技术要求，将膜（元件）组装在一起的组合构件。其分离机理为：原料以一定组成、一定流速进入膜组件，由于其中某一组分更容易通过膜，所以膜组件内原料的组成和流速均随位置变化。进入膜组件的物流通过膜组件以后分成两股，即渗透物（通过膜的那部分物流）和截留物（被膜所截留的物流）（图6.5）。

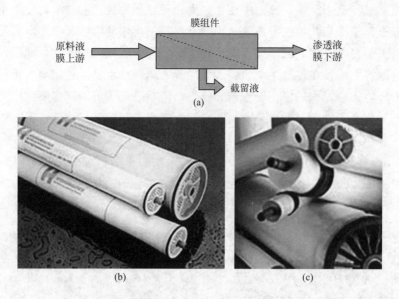

图 6.5　膜组件作用原理（a）与膜组件实物照片（b）和（c）

·（4）不同类型膜材料

由于膜过程不同，所用的膜材料也有一定的区别，如微滤膜，采用聚四氟乙烯、聚偏氟乙烯、聚丙烯、聚乙烯等高分子材料；超滤膜，则采用聚偏二氟乙烯、磺化聚砜、聚丙烯腈等高分子材料；纳滤膜则采用聚酰亚胺高分子材料；反渗透膜，则采用二醋酸纤维素、三醋酸纤维素、聚芳香酰胺类等高分子材料。除了聚合物分离膜外，还有管式陶瓷膜。管式陶瓷膜管壁密布微孔，在压力作用下，原料液在膜管内或膜外侧流动，小分子物质（或液体）透过膜，大分子物质（或固体）被膜截留，从而达到分离、浓缩、纯化和环保等目的。

① 中空纤维式膜。是一种极细的空心膜管，本身不需要支撑材料即可耐受很高的压力。它实际是一根厚壁的环柱体，纤维的外径有的细如人发，为 $50 \sim 200 \mu m$，内径为 $25 \sim 42 \mu m$。特点是：a. 可耐高压；b. 单位体积内的有效膜表面积比率高；c. 寿命较长（可达 5 年）；d. 可做成一种效率高、成本低、体积小和重量轻的膜分离装置。不足之处是中空纤维式膜的制作技术复杂，管板制作也较困难，同时不能处理含悬浮固体的料液（原水）。自来水在用中空纤维式膜进行分离过程中，由于膜孔径仅为 $0.01 \mu m$，故只有健康的水分子、矿物质及微量元素才能透过，细菌、胶体、铁锈、泥沙等均被拦截（图 6.6）。

② 螺旋卷式膜。将膜、支撑材料、膜间隔材料依次叠好，围绕一中心管卷紧即成一个膜组，若干膜组顺次连接装入外壳内即构成螺旋卷式膜［图 6.7（a）］。操作时，料液在膜表面通过间隔材料沿轴向流动，而透过液则沿螺旋形流向中心管。中心管可用铜、不锈钢或聚氯乙烯管制成，管上钻小孔；透过液侧的支撑材料采用玻璃微粒层，两面衬以微孔涤纶布。

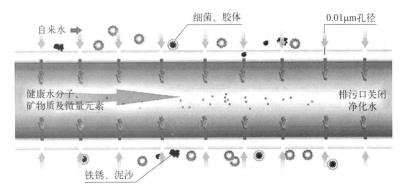

图 6.6　中空纤维式膜净化自来水的作用机理

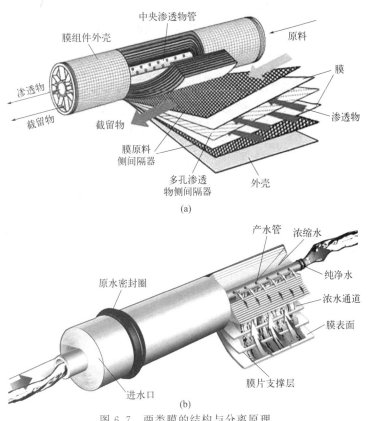

(a)

(b)

图 6.7　两类膜的结构与分离原理

（a）螺旋卷式膜结构与分离原理；（b）反渗透膜结构与分离原理

　　有一类螺旋卷式反渗透膜，使用该膜材料时，对膜一侧的料液施加压力，当压力超过它的渗透压时，溶剂会逆着自然渗透的方向做反向渗透。如美国陶氏反渗透膜 [图 6.7（b）]，采用当今世界最先进和节能有效的反渗透膜分离技术，过滤精度达到 $0.001\sim0.0001\mu m$，能有效滤除水中颗粒、泥沙、胶体、铁锈、细菌、病毒、水垢、重金属，产出的水是活水，甘洌可口，有效避免二次污染。该膜膜芯采用高分子材料制成，如醋酸纤维素膜、芳香族聚酰肼膜、芳香族聚酰胺膜，表面微孔的直径一般在 $0.5\sim10nm$ 之间，透过性的大小与膜本身的化学结构有关。

6.4 石油泄漏的克星——油水分离海绵

2010 年 4 月 20 日，英国石油公司在美国墨西哥湾租用的钻井平台"深水地平线"发生爆炸，导致大量石油泄漏，酿成一场经济和环境惨剧，这就是著名的美国墨西哥湾原油泄漏事件。美国政府证实，此次漏油事故超过了 1989 年阿拉斯加埃克森公司瓦尔迪兹号油轮的泄漏事件，是美国历史上"最严重的一次"漏油事故。石油污染将导致严重的生态环境污染和生态灾难。传统的油水分离材料分离效率低、分离过程复杂、成本高昂，有时会造成二次污染，因此，研究和开发新型的油水分离材料已成为当务之急。新型的油水分离海绵材料受到了广泛的关注。将多孔海绵表面进行疏水化改性，使其成为超疏水、超亲油表面，只吸油不吸水，从而达到油水高效分离的效果。且海绵可以重复使用，无二次污染，非常适合用于海洋石油泄漏。下面介绍几种油水分离海绵材料。

（1）聚偏二氟乙烯-多壁碳纳米管复合海绵

据《先进功能材料》杂志报道，科技工作者以食盐颗粒为模板，制备了一种多孔的聚偏二氟乙烯（PVDF）-多壁碳纳米管（MWCNT）复合海绵，整个制备过程无需任何有机溶剂。首先，该复合海绵具有超疏水/超亲油特性及良好的弹性，对各种油类具有优异的吸附能力，并可以通过挤压、加热或溶剂清洗的方式实现循环使用，因此在油水混合物选择性分离方面具有一定应用价值。其次，该海绵具有极佳的耐紫外光和耐酸碱盐性能，在这些复杂环境中仍能保持优异的油水分离能力，结合减压抽滤的方式，可实现大面积水面浮油的高效收集。

（2）超双亲聚氨酯海绵

中国科学院金属研究所研究人员利用纳米纤维素和石墨烯的协同作用，通过浸涂法获得超双亲聚氨酯海绵。该超双亲海绵对水和油类的接触角为 0 度，能够在短时间内迅速吸附水和油，是国际上首次报道通过浸涂法直接获得的超双亲聚氨酯海绵材料。该项成果为制备具有特殊浸润性能的多孔弹性材料及其复合材料提供了新思路，在催化剂载体和智能高分子复合材料领域有望获得应用。

（3）超疏水聚氨酯海绵

研究人员通过实验证实了纳米纤维素与二维石墨烯片层间有较强的吸附作用，该吸附作用与纤维素分子结构、纳米纤维素晶须尺寸及其表面性质密切相关。纳米纤维素与二维石墨烯片层间的较强吸附作用改善了石墨烯的亲水性，可以有效地促进石墨烯在水中的均匀分散。石墨烯基多孔材料一般可以通过化学气相沉积、电化学沉积以及冷冻干燥等方法获得。研究人员以聚氨酯海绵为模板，将其分别浸入含微量纳米纤维素的石墨烯以及纯石墨烯水性分散液中，制备出超疏水聚氨酯海绵。该海绵对各类油品具有良好的吸附能力，在油水分离领域有良好的应用前景。

在上述工作基础上，科研人员通过改变工艺，用聚氨酯海绵依次涂覆纳米纤维素和石墨烯，通过调整纳米纤维素的量，可以获得不同表面浸润特性（疏水-超双亲-疏水）的聚氨酯海绵。研究表明，纳米纤维素晶须与石墨烯的协同作用构建了聚氨酯海绵特殊的超双亲表面性质。美国研究人员开发出基础材料聚氨酯或聚酰亚胺，然后经过一些硅烷分子的"亲油"处理得到吸油海绵，用于处理石油泄漏。亲油处理的程度需要恰当，要保证海绵对漏油有足够的吸引力，但同时又要保证这些油在挤压海绵的时候还能顺利地释放出来（图6.8）。

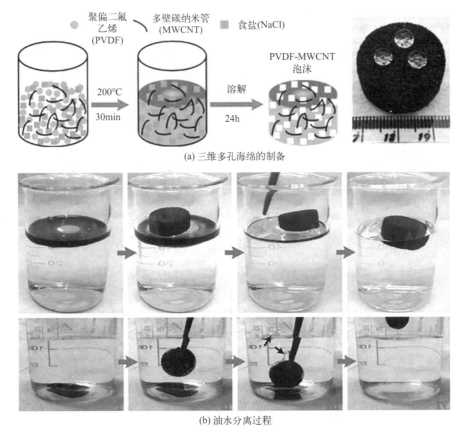

(a) 三维多孔海绵的制备

(b) 油水分离过程

图6.8　PVDF-MWCNT 三维多孔海绵高效油水分离

（4）可生物降解超疏水海绵

聚偏氟乙烯、聚氨酯等虽然具有优良的性能，但不可以降解，可能会造成环境的再次污染。因此开发可生物降解的基体超疏水海绵材料，具有更加重要的意义与价值。瑞士的一家名叫"Empa"的研究机构开发了一种可以疏水吸油的海绵，这种海绵采用了纳米原纤化纤维素（NFC）制成，在制作流程中使用活性烷氧基硅烷去除纤维素的亲水性，只保留吸油特性，而且吸油量是自身重量的50倍。测试表明，它可以有效吸收机油、硅油、乙醇、丙醇等多种油性物质，不会沉入水底，并且具有生物降解特性，非常有发展前景。同济大学袁伟忠课题组采用天然高分子材料纤维素的衍生物乙基纤维素进行功能化改性，制备了高强度、低密度、超疏水的油水分离海绵材料（图6.9、图6.10）。

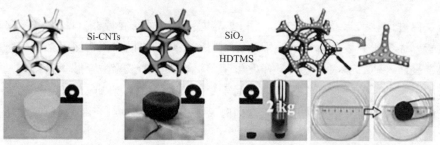

(a) 三维多孔材料的制备过程

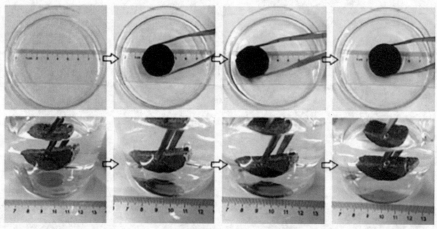

(b) 油水分离过程

图 6.9　碳纳米管增强的乙基纤维素三维多孔材料可高效进行油水分离

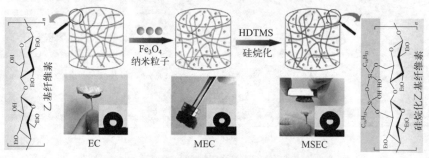

(a) 磁性三维多孔材料的制备过程

(b) 油水分离过程

图 6.10　具有磁性的乙基纤维素三维多孔结构材料实现高效油水分离

由于采用部分交联的工艺，同时复合了疏水化改性的碳纳米管增强材料、纳米二氧化硅，以及硅烷化处理，故所制备的乙基纤维素复合多孔材料具有突出的力学强度和超疏水/超亲油性能，水接触角达到了 158.2°，动态滚动角仅有 3°，在 28.6kPa 的压强下仍然保持完好，显示了长效使用的潜力。所制备的海绵具有很高的机械强度，能够收集各种各样的油和有机溶剂，吸收能力高达自身重量的 64 倍。此外，经过 50 个分离循环后，海绵的吸附能力仅略有下降，达到初始值的 86.4%，表明海绵具有良好的可回收性能。在油水分离过程中，海绵的高效性和耐用性使其成为清理漏油的理想吸收剂。

6.5 结语

生态环境材料对于生态保护有着举足轻重的作用。生态环境材料必将成为未来新材料的一个重要分支，作为跨材料科学、环境科学以及生态科学等学科的新型材料，在保持资源平衡、能源平衡和环境平衡，实现社会和经济的可持续发展等方面将起到非常重要的作用。该类材料代表着科学技术发展的方向和社会发展进步的趋势，必将对人类社会进步起到巨大的推动作用。生态环境材料的发展将秉持可持续发展的理念，在可再生循环高分子材料、完全降解高分子材料、长寿命材料、清洁材料以及生态化的生产工艺等方面得到长足发展。

思考题

1. 请阐明"绿水青山就是金山银山"的深刻内涵，并阐述生态环境材料的发展对生态环境保护的作用有哪些。

2. 高分子塑料制品应用极其广泛，但也出现了"白色污染"等由塑料造成的环境污染。如何从材料的角度来解决目前存在的塑料污染？请举例说明。

3. 基于反渗透膜原理说明哪些聚合物可以制备反渗透膜。

4. 水污染是目前世界各国面临的最严重污染之一。如何发展材料科技，运用新材料来减轻、消除水污染问题，从而让人民群众能够使用洁净的水资源？

第7章
航空航天材料——实现人类的飞翔梦想

7.1 人类飞翔梦想与中国航空航天成就

(1)人类的飞翔梦想

人类很早就有飞翔的梦想,神话传说中的嫦娥奔月、飞天等都表达了中国古代人民对探索太空的渴望与美好梦想。人类飞向太空的梦想,有文字记载的至少有数千年。《墨子》中记载:"公输子削竹木以为鹊,成而飞之,三日不下。"是说鲁班制作的木鸟能乘风力飞上高空,三天不降落。实际上指的就是一种风筝,所用的材料主要是竹子、木材。另外一个大家熟悉的能飞向天空的是孔明灯,所用的材料是纸。竹蜻蜓是一种用竹子制作的玩具,小时候很多人都玩过。竹蜻蜓在旋转之下飞向高空,这也是现代直升机旋翼和飞机螺旋桨的雏形。在古代,人们就已经利用火药燃烧产生的推力,用木、竹等制造可以飞向天空的火箭,虽然不算成功,但这却是现代火箭的先驱。在 1250 年,罗杰·培根发明了扑翼机,这是一种能够像鸟儿一样扑动翅膀飞向天空的飞行器,所用的材料主要是木材、羽毛和布 [图 7.1(a)]。孟格菲兄弟是载人热气球的发明者,1783 年,2 名志愿者即化学老师罗齐尔和皇家卫队军官德尔朗达,乘坐他们发明的热气球飞上了天空。载人热气球使用的材料主要是皮革和织物 [图 7.1(b)]。1852 年法国工程师亨利·吉法尔发明了第一艘飞艇,而飞艇所使用的材料是橡胶、皮革、纤维、木材等 [图 7.1(c)]。人类历史上第一架飞机是由莱特兄弟发明的,1903 年 12 月 17 日,莱特兄弟试飞了完全受控、依靠自身动力、机身比空气重、持续滞空不落地的飞机,也就是世界上第一架飞机"飞行者一号"。这架飞机所用的材料是木材和布 [图 7.1(d)]。

(2)中国航空航天成就

回顾人类历史上对天空、太空的探索历程,在 21 世纪的今天,经过近 70 年的艰苦奋斗,中国在航空工业、航天工业领域都取得了举世瞩目的伟大成就。习近平总书记指出:"探索浩瀚宇宙,发展航天事业,建设航天强国,是我们不懈追求的航天梦。"在党中央的亲切关怀和坚强领导下,中国航天实现了从无到有、从小到大、从弱到强的跨越发展,有力支撑了国防能力提升和国民经济建设,为服务国家发展大局和增进人类福祉作出了重要贡献。中国航天以其深厚的发展实践基础,为奋进全面建设社会主义现代化

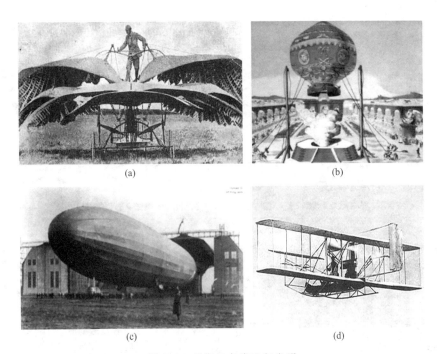

图 7.1　早期的各类飞行发明

（a）罗杰·培根发明的扑翼机；（b）孟格菲兄弟发明的载人热气球；（c）法国工程师亨利·吉法尔发明的第一艘飞艇；（d）莱特兄弟发明的第一架飞机——"飞行者一号"

国家新征程提供了宝贵经验和有益借鉴。中国航空工业系列发展了先进航空武器装备，包括运-20"鲲鹏"大型运输机［图 7.2（a）］、"鹘鹰"战斗机、"飞鲨"舰载战斗机、歼-10 系列飞机、歼-11 系列飞机、歼 20 隐形飞机、"霹雳火"直-10 武装直升机、"黑旋风"直-19 武装直升机、轰-6 系列轰炸机、空警 200 和空警 2000 等系列预警机、"飞豹"歼击轰炸机、"枭龙"飞机、"翼龙"系列无人机、"猎鹰"和"山鹰"高级教练机、"霹雳"系列和"闪电"系列导弹等品牌。在民用航空方面，研制了 AG600 大型水陆两栖飞机、"新舟"系列支线飞机、AC 系列民用直升机、AG 系列教练机、运-12 系列运输机、小鹰 500 轻型公务机、海鸥 300 轻型公务机、SF50 轻型公务机、西锐系列通用飞机、"鹞鹰"民用无人机、C919 大型客机、ARJ21 新支线飞机。同样的，在航天领域，中国也取得了辉煌的成就，包括长征系列运载火箭［图 7.2（b）］、神舟系列飞船［图 7.2（c）］、空间站［图 7.2（d）］、嫦娥系列月球探测器，探测了人类首次探测的月球背面地区。当然，航空航天材料所作的贡献功不可没。

（3）航空航天材料的发展

航空航天材料科学是材料科学中富有开拓性的一个分支。飞行器的设计不断地向材料科学提出新的课题，推动航空航天材料科学向前发展；各种新材料的出现也给飞行器的设计提供了新的可能性，极大地促进了航空航天技术的发展。航空航天材料的发展取决于下列 3 个因素：①材料科学理论的新发现。例如，铝合金的时效强化理论导致硬铝合金的发展；高分子材料刚性分子链的定向排列理论导致高强度、高模量芳纶有机纤维的发展。②材料加工工艺的进展。例如，古老的铸、锻技术已发展成为定向凝固技术、

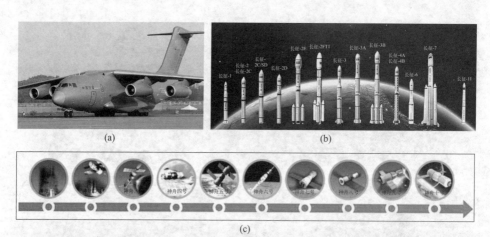

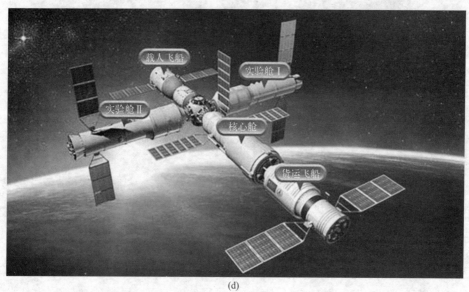

图 7.2　中国航空成就

（a）运-20"鲲鹏"大型运输机；（b）"长征"系列运载火箭家族；（c）"神舟"系列飞船的发射历程；（d）空间站

精密锻压技术，从而使高性能的叶片材料得到实际应用；复合材料增强纤维铺层设计和工艺技术的发展，使它在不同的受力方向上具有最优特性，从而使复合材料具有"可设计性"，并为它的应用开拓了广阔的前景；热等静压技术、超细粉末制造技术等新型工艺技术的出现，创造出了具有崭新性能的一代新型航空航天材料和制件，如热等静压的粉末冶金涡轮盘、高效能陶瓷制件等。③材料性能测试与无损检测技术的进步。现代电子光学仪器已经可以观察到材料的分子结构；材料力学性能的测试装置已经可以模拟飞行器的载荷谱，而且无损检测技术也有了飞速的进步。材料性能测试与无损检测技术正在提供越来越多的、更为精细的信息，为飞行器的设计提供更接近于实际使用条件的材料性能数据，为生产提供保证产品质量的检测手段。一种新型航空航天材料只有在这三个方面都已经发展到成熟阶段，才有可能应用于飞行器上。因此，世界各国都把航空航天材料放在优先发展的地位。

7.2 航空航天发动机材料

发动机是航空、航天器的心脏，具有举足轻重的作用。对于航空发动机来说，有三大核心部件：高压压气机、主燃烧室、高压涡轮。高压压气机就是一台"抽风机"，和后面的高压涡轮连成一体，风扇先把空气吹进来，高压压气机高速旋转，把空气压缩到燃烧室，燃烧产生的强大气流往外喷射而产生飞机的动力，同时推动后面的高压涡轮转动，高压涡轮转动带动前面的高压压气机转动，继续压缩更多的空气进来。其中，高压压气机旋转的动力来自高压涡轮，高压涡轮旋转的动力来自燃料燃烧，燃料燃烧的空气来自高压压气机的压缩。在这里，还要加上两个关键词，即内涵道和外涵道。外涵道和内涵道空气流量的比值叫"涵道比"，外涵道的空气不进燃烧室，直接向后喷出（图7.3）。外涵道比例大的叫"大涵道比发动机"，省油、低速，适合客机、货机等大型飞机；外涵道比例小的叫"小涵道比发动机"，费油、高速，适合战斗机等小型飞机。发动机需要用到高压涡轮叶片，而高压涡轮叶片是全世界最难制备的材料，因为它的工作环境极为恶劣，高温、高压、高强度，这是工业皇冠上的明珠。

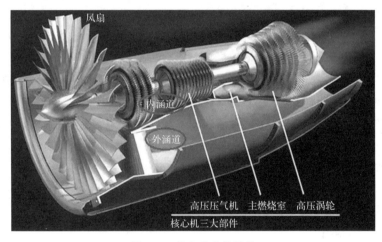

图 7.3　航空发动机结构

（1）发动机叶片类型

叶片是航空发动机中数量最多的零件，常常需要在极恶劣的环境下工作，因此叶片的加工精度和质量与发动机的表现是密不可分的（图7.4）。先了解几种发动机叶片。

① 高温合金单晶叶片。单晶叶片技术的掌握意味着我国将大大提高大推重比发动机的生产能力，以及原有发动机的使用寿命。根据研究，叶片的温度承受极限每提升25℃，就可以使其寿命在原有温度下提升至原来寿命的3倍。

② 钛合金叶片。航空发动机上常用的转子叶片以钛合金（压气叶片）和高温合金（涡轮叶片）为主，较为普遍的压气叶片多以 Ti-6Al-4V 中等强度高损伤容限型钛合金为主。在钛合金谱系中，Ti-6Al-4V 由于在耐热、强韧、耐腐蚀、抗疲劳及可加工性方

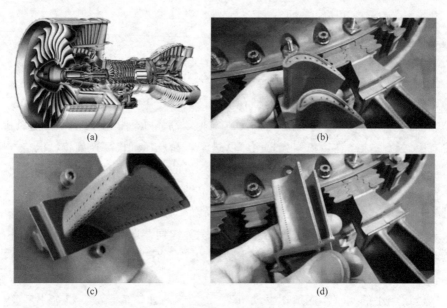

(a)
(b)
(c)
(d)

图 7.4 飞机发动机高温涡轮叶片照片

面具有较好的综合性能，应用得最为广泛，占到了全部钛合金应用的 75％ 以上。

③ 镍基高温合金叶片。镍基高温合金是现代航空发动机、航天器和火箭发动机以及舰船和工业燃气轮机的关键热端部件材料（如涡轮叶片、导向器叶片、涡轮盘、燃烧室等），也是核反应堆、化工设备、煤转化技术等方面需要的重要高温结构材料。

④ 碳纤维复合材料叶片。这种复合结构要比目前普遍使用的铝、钢和钛的合金材料轻一半，强度和耐热性几乎相同。

⑤ 陶瓷材料叶片。在涡轮叶片表面涂覆金属及陶瓷材料，可以提高金属的耐热温度、发动机的性能及安全性。然而这种技术还处于发展阶段，就目前的发展情况来看，这种方法是可靠的。

⑥ 3D 打印叶片。航空航天制造 3D 打印大多是用在价格昂贵的战略材料上，比如像钛合金、镍基高温合金等难加工的金属材料，可以提高材料的利用率，节约昂贵的战略材料，降低制造成本。

在燃料和叶片的关系中，燃料的盈余量很大，所以无论叶片有多牢靠，多加些燃料就可以紧紧把叶片逼到崩溃边缘工作。为了充分"压榨"叶片，还有很多冷却技术，比如，叶片上的小孔在工作时有高速气流喷出，在叶片表面形成一层气膜，这叫"气膜冷却技术"。发动机里温度最高的便是涡轮前面那段，即"涡轮前温度"，这是衡量发动机代差的主要参数。涡轮前温度每提高 100K，推力增加 15％，相差 200K 就意味着相差一代。涡轮前温度全球平均每年提升 10K。为了能够达到所需要的性能，需要耐高温、耐高压、高强度的合金材料，以及先进的制造加工技术。因为极端条件下的苛刻要求，为了减少不必要的连接和缝隙，核心部件是整体切削出来的，俗称整体叶盘。目前最先进的就是整体叶盘制造技术，该技术将叶片和圆盘连接在一起，这不但更牢固，重量还能下降 30％。材料对技术的限制非常严重。仅以机床为例，机床是切削金属的工具，精密机械结构都是靠机床切削出来的，机床对于工业就像纸笔对于学生。高速加工时，主轴和轴承摩擦会产生热变形，导致主轴轴线的抬升和倾斜，从而影响机床的加工精度。这类加工精度的影响，外加刀具的磨损误差，使得大量的国产设备即便采用更精巧的设计，性能仍然落后一截。因此，材料的发展至关重要。

（2）主流发动机叶片材料——钛铝合金

材料制备在本质上就是让原子按某种规律排列，即定向结晶，让原子排列的方向全部对着受力方向，这样的金属叶片强度就高。但是高温下金属都会热胀冷缩，发生高温下的合金蠕变。在合金材料制备方面，我国也取得了重大进展，例如南京理工大学的陈光教授团队，他们在国际著名学术期刊 *Nature Materials* 上发表了研究成果，成功研制出了高温多合成孪晶（PST）钛铝单晶，取得了重大突破［图 7.5（a）］。钛铝合金属于主流的发动机叶片材料，合金结构里加了铌，这阵形的"主力士兵"是钛铝原子，在阵形的关键位置安排了铌原子这个"传令兵"，"士兵"就不怕走散，可以分开的距离就更大一些，在材料上表现为延展性能提升。同时，这个"传令兵"也不会让"士兵"分得太远导致阵形溃散，他会把"士兵"控制在一个有效范围内，这在材料上表现为拉伸强度提升。

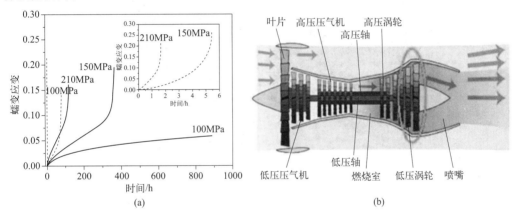

图 7.5　钛铝合金及应用
（a）高温 PST 钛铝单晶与 4822 合金的性能比较；（b）发动机结构

图 7.5（a）中虚线表示的是美国波音客机 GEnx 引擎中的合金（即 4822 合金）的蠕变抗力曲线，而实线表示的是 PST 钛铝单晶的蠕变抗力曲线。由图可知，相比于 4822 合金，PST 钛铝单晶具有更好的力学性能，使用耐久性更加突出。100MPa 蠕变应力：4822 合金不到 100 小时就失效了，PST 钛铝单晶超过 800 小时还有效。150MPa 蠕变应力：4822 合金抵抗了 5 个多小时，PST 钛铝单晶抵抗了 350 小时。210MPa 蠕变应力：4822 合金抵抗了 1 个多小时，PST 钛铝单晶抵抗了 100 小时。原则上，叶片重量越轻、强度越高越好。所以发动机会根据不同级叶片的工作环境，采用不同的材料，尽量降低发动机重量。

钛铝合金和镍基合金，前者轻但不牢靠，后者牢靠但重，两者密度相差一半。PST 合金可以耐 900℃，通常认为气膜冷却能贡献 400℃，隔热涂层能贡献 100℃，保守估计涡轮前温度能到 1750K，这基本达到三代发动机的水平。但是在 1000℃ 条件下，PST 拉伸强度下降到 238MPa，所以四代发动机只能用在压气机和低压涡轮那里 [图 7.5 (b)]，对于核心的高压涡轮来说强度还是不够。美国有款发动机的高压压气机共 9 级，前 3 级用钛合金，后 6 级用镍基合金，这 6 级基本可以用 PST 替换；还有 GEnx，其低压涡轮的镍基合金也可以被替换。四代发动机还得用镍基合金，我国的镍基合金仍处于较落后阶段，高端镍材全靠进口，基本被美国、德国、日本垄断。美国四代镍基合金 EPM102 的参数为 400MPa/1000℃，轻松过 1000 小时；而 PST 钛铝单晶的参数为 210MPa/900℃，116 小时，差距甚远。

（3）开加力

此外在战斗机中还有一个名词叫"开加力"，即在发动机后面，再装一个大圆筒，紧急时刻拼命往里面加燃料，瞬间可以增加 50％ 的推力。但这对材料的磨损极其严重，非常影响材料的使用寿命，所以发动机在开加力状态下一般不会超过 5 分钟（图 7.6）。在这里，最大推力就是指开加力的推力，而中间推力指的就是不开开加力时的最大推力。显然，材料的性能直接决定了发动机的最大推力。

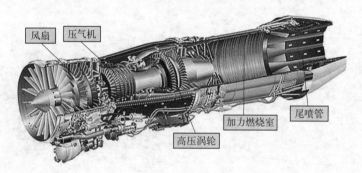

图 7.6 战斗机的"开加力"

（4）我国航空发动机和世界最高水平的比较

从前面可以看出，我们国家在航空发动机耐高温合金材料方面，与世界最高水平仍有一定的差距，但是近年来通过广大科技工作者的努力，也取得了重大的突破，下面介绍两款我们国家最新的航空发动机，并与世界最高水平的航空发动机进行比较。

① 涡扇-10（WS-10）。俗称太行发动机，是第一台大推力发动机，具有大涵道比结构，用于大型军用飞机，延伸号则装备最先进的第 3 代飞机歼 11B。其涡轮前温度为 1747 K，最大推力为 13～15t，推重比大约是 8 [图 7.7 (a)]。

② 涡扇-15（WS-15）。俗称峨眉发动机，是歼 20 等 4 代机定制的小涵道比矢量发动机。其涡轮前温度为 1850K，最大推力可达 16～18t，推重比大约为 10 [图 7.7 (b)]。

③ 普惠 F135 发动机。目前最先进的战斗机发动机是美国的 F35 采用的发动机，即由普惠公司生产的 F135 型发动机。其涡轮前温度可以达到约 2000K，最大推力为 19t，推重比为 11.7 [图 7.7 (c)]。

图 7.7　航空发动机

（a）涡扇-10；（b）涡扇-15；（c）普惠 F135 发动机

从这些例子也可以看出，我国的航空发动机发展迅速，但还需要进一步努力。虽然我国航空发动机和世界最高水平仍存在一定的差距，但是在无人机、巡航导弹等使用的发动机方面，我国已经达到了世界领先水平。如涡扇-500（WS-500），用于无人机和巡航导弹，推力 500kg，这是整体叶盘技术应用非常成功的案例和西方最先进的技术处于同一水平，能够产生与欧洲的风暴影、斯卡普导弹的发动机相当的推力，比美国战斧式巡航导弹的发动机推力提高了 60%。

（5）冲压发动机

涡轮叶片想要全面赶超世界发达水平仍需要较长的时间。弯道超车，发动机的弯道在哪儿呢？若在大气层内速度超过了两倍声速，那些涡轮都会被离心力甩断裂。于是就产生了新的思路，即冲压发动机，涡轮可以扔掉，就一个空的圆筒就可以了（图 7.8）。这种发动机很轻，重量不超过 1t，但是产生的推力却可以达到 30t，功率相当于 200 个火车头。如美国航空航天局（NASA）研制的高超声速飞行器 X-43A，最高速度达 9.7 马赫，因为燃料无法持续的问题被放弃。后来的 X-51A "乘波者" 几次试飞，虽然完成了超燃冲压发动机的点火，但燃烧室气流不均匀导致的燃烧不稳定也是个严重的问题。冲压发动机的原理就决定了它只有在高速状态下才能开启，三倍声速以上的飞行器采用的基本上都是冲压发动机。

因为不需要高温高压的叶片，而气动外形是我国的强项，老一辈科学家如钱学森先生等为此打下了坚实的基础，因此我国在冲压发动机方面走在了世界的前列。如超声速巡航导弹、反舰导弹、防空导弹，水平居世界前列。

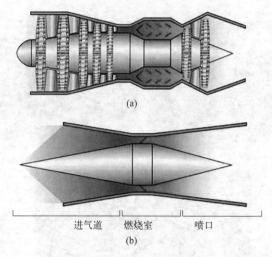

进气道　燃烧室　喷口
(b)

图 7.8　涡轮发动机 (a) 和冲压发动机 (b) 的结构

7.3　航空航天复合材料

航空飞行器指的是在大气层内航行的飞行器,如飞机、飞艇、热气球等;航天飞行器指的是在大气层外航行的飞行器,例如人造卫星、宇宙飞船、空间站等等。而航空航天材料就是用于制造航空航天飞行器的材料,要求轻质高强,"克克计较",高温耐蚀。对于航天飞行器来说,每减重 1kg 的经济效益甚至超过数万元人民币。所谓的一代材料,一代飞行器,突出说明了材料在航空航天领域的重要作用,航空航天材料反映出材料发展的前沿,特别是代表了一个国家结构材料技术的最高水平。

(1) 航空航天材料的发展历程

在航空航天材料的发展历程中,经历了三个主要的时代。首先是以铝合金、镁合金为代表的合金时代。1906 年德国冶金学家发明了可以时效强化的硬铝,使制造全金属结构的飞机成为可能。20 世纪 40 年代出现的全金属结构飞机的承载能力已大大增加,飞行速度超过了 600km/h。随后进入了以钛基高温合金、镍基高温合金为代表的高温合金时代,在合金强化理论的基础上发展起来的一系列高温合金,使得喷气式发动机的性能得以不断提高。20 世纪 50 年代钛合金的成功研制和应用对克服机翼蒙皮的"热障"问题起了重大作用,飞机的性能大幅度提高,最大飞行速度达到了 3 倍声速。如美国空军的高空高速侦察机,即 SR-71 黑鸟侦察机,机身采用低重量、高强度的钛合金作为结构材料,最大飞行高度达到 3 万米,最大飞行速度达到了 3.5 马赫。在现阶段,进入了以聚合物基、陶瓷基、金属基、金属间化合物基复合材料为代表的复合材料时代。复合材料代替铝可以实现 20%～40% 的减重,复合材料的用量及其性能水平已经成为飞行器先进性的重要标志之一。1959 年聚丙烯腈碳纤维在日本问世,20 世纪 60 年代中期生产出了碳纤维复合材料,70 年代初碳纤维增强复合材料被首先使用在军用飞机。复合材料使用量从 F16 的 2％ 到 F22 的 25％，再到 F35 的 35％，最后到 EF 2000 的 40％（图 7.9），充分说明复合材料与飞机的先进性是直接关联的。

图 7.9　军用飞机
(a) F16；(b) F22；(c) F35；(d) EF2000

　　除了战斗机，复合材料在直升机、民航客机等中都具有广泛的应用［图 7.10 (a)］。在 V22 直升机中复合材料用量达到了 50％，在 Tiger 直升机上复合材料用量达到了 80％。在大型客机方面，A 380 上的复合材料用量达到了 25％，A380 率先在中央翼盒上大量采用复合材料，而原来使用的是全金属结构［图 7.10 (b)］。波音 787 (B787) 则进一步发展为全复合材料的中央翼盒，直至全复合材料的机翼。A380 的中央翼盒重 11t，其中复合材料达 4.5t，减重了 1.5t。复合材料在波音 787 上的用量得到了大幅提升，机翼、机身都采用了大量的复合材料，复合材料使用量达到了惊人的 50％。波音 787 制备了第一个全尺寸的复合材料机身段，长 7m，宽 6m，减重 20％（图 7.11）。我们国家研制的大型客机 C919 也采用了相当数量的复合材料，包括碳纤维整合板、碳纤维夹层结构、玻璃纤维夹层结构，其复合材料的使用量约为 30％。C919 与波音 737-800 属于同一级别，但复合材料使用量要比后者多得多，性能提升也明显得多。可以说大飞机的竞争就是复合材料的竞争。在大型客机中，波音 747 的复合材料用量只有 1％，波音 777 达到了 10％，A380 达到了 25％，波音 787 达到了 50％。波音 787 是有史以来第一款在主体结构机翼和机身上面采用先进复合材料的大型客机。因此复合材料的应用趋势是将成为飞机结构件最重要的基本材料。在 2000 年，飞机上铝合金的用量达到了 65％，而复合材料的使用量仅占 15％；但到了 2020 年，复合材料的使用量达到 65％，铝合金仅占 15％。短短 20 年，复合材料的使用发生了翻天覆地的变化。

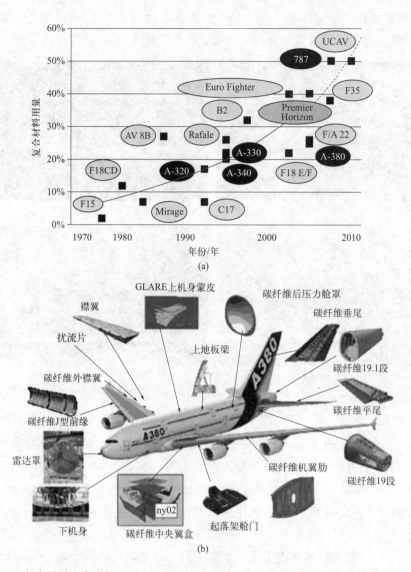

图 7.10　复合材料在各类航空器中的用量发展情况（a）及复合材料在 A380 上的应用（b）

（2）航天材料的要求

对于航天材料，要求不仅要轻质高强，还要耐高温耐烧蚀。当航天飞行器（导弹、火箭、飞船等）以高超声速冲出大气层和返回地面时，在气动加热下，其表面温度可达 1000～3000℃。哥伦比亚号航天飞机在返回途中不幸发生机毁人亡的灾难性事故，噩耗传来，举世震惊。事故发生后，哥伦比亚航天飞机防热瓦表层几处裂纹首先引起了专家和媒体的高度关注，这也是事故发生的元凶。因此航天飞机的防热材料得到了广泛的关注。美国航天飞机防热系统所采用的材料有抗氧化碳材料、刚性陶瓷管材料以及柔性陶瓷隔热毡材料，使用温度分别为 1260℃、650～1260℃和 370～650℃航天飞机的外观见图 7.12。

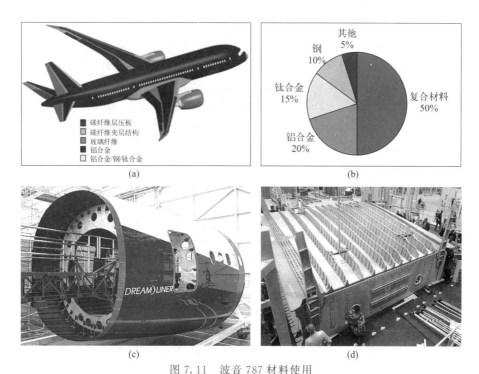

图 7.11 波音 787 材料使用

（a）波音 787 各种材料使用情况；（b）波音 787 各种材料的使用比例；（c）波音 787 上第一个全尺寸复合材料机身段；（d）波音 787 上复合材料制备的中央翼盒

图 7.12 航天飞机的外观

（3）重要的复合航天材料

① 陶瓷涂层及其复合材料。中南大学粉末冶金国家实验室黄伯云院士团队通过大量实验，开发了一种新型的耐 3000℃烧蚀的陶瓷涂层及其复合材料，这一发现有可能为高超声速飞行器的研制铺平道路。高超声速飞行意味着其飞行速度等于或大于 5 倍声速，即至少每小时 6120 公里。在如此高的速度下，2 小时内便可完成从北京到纽约的飞行旅程，但前提是飞行器的关键结构部件能够承受住剧烈的空气摩擦和高达 2000～3000℃的热气流冲击而不被破坏。中南大学新发现的超高温陶瓷涂层及其复合材料可为上述部件提供较好的保护。这种陶瓷是一种多元含硼单相碳化物，具有稳定的碳化物晶

体结构，由锆、钛、碳和硼四种元素组成。研发团队采用熔渗工艺将多元陶瓷相引入多孔碳/碳复合材料中，进而获得一种非常有潜力的新型 Zr-Ti-C-B 陶瓷涂层改性的碳/碳复合材料。这种超高温陶瓷兼具了碳化物的高温适应性和硼化物的抗氧化特性，使上述涂层和复合材料表现出优越的抗烧蚀性能和抗热震性能，是高超声速飞行器关键部件极具前途的候选材料。

② 烧蚀防热材料。航天材料当中，烧蚀防热材料是一种重要的功能材料，这种材料具有"牺牲自己保护别人"的大无畏精神。它通过气化、升华、分解等物理、化学变化带走热量，起到防热效果。这类材料是飞行器实现再入大气层的关键，即使碰到 3000～4000℃ 的高温也能完成防热使命。烧蚀防热材料多用于一次性使用飞船的再入防热，主要为纤维材料或多孔颗粒加上有机物组成的低导热复合材料，其原理是通过有机物热化学分解和气化带走大量热量和留下的多孔碳层起到了隔热、耐高温作用。石棉或玻璃等与酚醛树脂组成的复合材料，是目前包括神舟飞船在内的众多飞船所普遍采用的方法。神舟飞船返回舱全部采用我国自主研制的高科技材料制成，它的最大直径 2.517m，高 2.5m，在飞船全密封结构的舱壁上有一层隔热层，把舱内外温度完全隔断。舱壁最外面一层是一种生活中极少用到的由聚四氟乙烯和玻璃纤维布组合起来的防护层，紧接着就是隔热层，然后才是金属壳体。返回舱返回地球时经历的最高温度是 1500～2000℃，它的外表面是低密度烧蚀防热材料，而在舷窗、大底等热流集中的部位采用了更耐烧蚀的中密度玻璃钢烧蚀材料，组合方案保证航天员所处的环境温度不超过 30℃。比飞船返回舱速度更快的再入式飞行器，就需要采用碳/碳复合材料，这是一种更厉害的烧蚀防热材料，它可以在 2000℃ 以上的环境下使用，就算遭遇 3000～4000℃ 外加高速粒子冲刷也不会被破坏，能有效保护飞行器在最恶劣的环境下安然无恙。

7.4 航空航天隐身材料

7.4.1 隐身涂料

隐身涂料是涂料家族的神秘一员，它并不是科幻作品中的"隐身"，而是军事术语中所指的控制目标的可观测性或控制目标特征信号技术的结合。目标特征信号是描述某种武器系统易被探测的一组特征，包括电磁（主要是雷达）、红外、可见光、声、烟雾和尾迹等 6 种特征信号。据统计，空战中飞机损失 80%～90% 的原因是飞机被观测到。降低平台特征信号，就降低了被探测、识别、跟踪的概率，因而可以提高生存能力。降低平台特征信号不仅仅是为了对付雷达探测，还包括降低被其他探测装置发现的可能性。隐身是通过增加敌人探测、跟踪、制导、控制和预测平台或武器在空间位置的难度，大幅度降低敌人获取信息的准确性和完整性，降低敌人成功地运用各种武器进行作战的机会和能力，以达到提高己方生存能力而采取的各种措施（图 7.13）。

隐身涂料按其功能可分为雷达隐身涂料、红外隐身涂料、可见光隐身涂料、激光隐身涂料、声呐隐身涂料和多功能隐身涂料。隐身涂层要求具有：较宽温度的化学稳定

图 7.13　隐身战斗机

（a）F-117A 隐身战斗机；（b）B-2 隐身战略轰炸机；（c）F-22 猛禽隐身战斗机；（d）F-117A
隐身战斗机三视图；（e）正在进行表面隐身喷涂的 F-22 战斗机

性；较好的频带特性；面密度小，重量轻；黏结强度高，耐一定的温度和不同环境变化。

（1）雷达隐身涂料

雷达隐身涂料是指能够吸收、衰减入射的电磁波，并通过吸收剂的介电振荡、涡流以及磁致伸缩，将电磁能转化成热能而耗散掉或使电磁波因干扰而消失的一类材料。使用雷达隐身涂料的目的就是要最大限度消除被雷达探测到的可能性。雷达隐身技术的研究主要集中在结构设计和吸波材料两个方面。目前，应用于飞机的吸波涂料比较多，但各具特色。如铁氧体吸波涂料，价格低廉；羰基铁吸波涂料，吸收能力强，但面密度大；陶瓷吸波涂料，密度较低；放射性同位素吸波涂料，涂层薄且轻，能承受高速空气动力，是飞机用理想的吸波涂料；导电高分子吸波涂料，涂层薄且易维护。还有成为隐身涂料新亮点的纳米吸波涂料，它可以覆盖电磁波、微波和红外辐射，并能增强腐蚀防护能力，耐候性好，涂装性能优异。

（2）红外隐身涂料

使用红外隐身涂料的目的是降低或改变目标的红外辐射特征，从而实现目标的低可探测性。通过改进结构设计和应用红外物理原理来衰减、吸收目标的红外辐射能量，可使红外探测设备难以探测到目标。材料的红外辐射特性决定于材料的温度和发射率。红外隐身涂料也可相应分为两类：控制发射率的涂料和控制温度的涂料。红外隐身涂料具有低发射率、高反射率，在红外线辐射频段才有良好的隐身效果。红外隐身涂料一般由填料和黏结剂两部分组成。目前用于热红外隐身涂料配方中的填料大致分为如下几类：

金属填料、着色填料、半导体填料等。黏结剂分为有机和无机两大类，其中以有机黏结剂种类最多，目前可用于红外隐身涂料的黏结剂有氯化聚苯乙烯、丁基橡胶等。红外隐身涂料工艺简单、施工方便、坚固耐用、成本低廉，是目前隐身涂料中最重要的品种。红外隐身涂料是用于减弱武器系统红外特征信号的已达到隐身技术要求的特殊功能涂料，其主要针对红外热像仪的侦察，旨在降低飞机在红外波段的亮度，掩饰或变形装备在红外热像仪中的形状，降低其被发现和识别的概率。

（3）可见光隐身涂料

随着多波段探测和制导技术的不断发展，隐身技术对涂料的要求除了红外与雷达外，还应包括涂料的可见光性。可见光隐身涂料又称视频隐身技术，弥补了雷达隐身和红外隐身的不足，它是针对人的目视、照相、摄像等观测手段而采取的隐身技术，其目的是降低飞机本身的目标特征，减少目标与背景之间的亮度、色度和运动的对比特征，达到对目标视觉信号的控制，以降低可见光探测系统发现目标的概率。可见光隐身涂料通常采用迷彩的方法使飞机隐身，如保护迷彩、仿造迷彩、变形迷彩。还有一种可见光隐身是伪装遮障，遮障可模拟背景的电磁波辐射特性，使目标得以遮蔽并与背景相融合，是固定目标和运动目标停留时最主要的隐身手段，而迷彩涂料是这种技术应用的重要组成。总而言之，可见光隐身涂料应用广泛，使用方便、经济，是飞机隐身涂料发展中比较成熟的技术。

7.4.2　激光隐身材料

20 世纪 80 年代以来，隐身技术特别是雷达和红外隐身技术的发展已经达到了一个很高的水平。如美国研制开发的低可探测飞机 F-117 隐身攻击机、B-2 隐身轰炸机，在雷达隐身和红外隐身方面已经做得非常好了。但是随着激光技术的飞速发展，激光技术在武器装备等方面的应用日益增多。

激光隐身过程与雷达隐身过程相类似，主要是降低目标表面的反射系数，减小激光探测器的回波功率，降低激光探测器的性能，使敌方不能或难以进行激光探测，以达到激光隐身的目的。从微观能量上看，物质对激光的吸收过程是物质与电磁波的作用过程，在此过程中，光子的能量转化为电子的动能、势能，或分子（原子）的振动能和转动能。实现激光隐身技术的途径主要有外形技术和材料技术。其中外形技术是通过目标的非常规外形设计降低其雷达散射截面（LRCS）；而材料技术是采用能吸收激光的材料或在表面上涂覆吸波涂层使其对激光的吸收率大，反射率小，以达到隐身的目的。因为外形设计只能散射 30% 左右的雷达波，且很难找到 LRCS 与气动力学俱佳的外形，因此要彻底解决隐身问题，还是要靠隐身材料来实现。激光隐身材料主要包括激光吸收材料、导光材料、透射材料三大类型。其中透射材料是让激光透过目标表面而无反射。从原理上分析，透射材料后应有激光光束终止介质，否则仍有反射或散射激光存在。导光材料是使入射到目标表面的激光能够通过某些渠道传输到其他方向去，以减少直接反射回波。这两种隐身功能材料作为激光隐身材料，实现难度较大。

7.4.3 新型隐身材料发展趋势

新型隐身材料发展趋势包括以下几个方面。

（1）多频段吸波涂料

由于当前多模复合制导技术的不断发展以及探测手段的日益多样化，战场武器装备可能同时面临雷达、红外、激光以及可见光等探测手段的威胁，因此多波段复合隐身材料的发展很早就受到了专家以及相关研究者的关注和重视。如何使涂层在几个波段彼此兼容，将是今后主要研究方向之一。

（2）纳米吸波涂料

近年来，纳米吸波涂料成为隐身涂料新的亮点。它是一种极具发展前景的涂料，一般采用无机纳米材料与有机高分子材料复合，通过精细控制无机纳米粒子均匀分散在高聚物基体中，可以制备性能更加优异的新型涂料。纳米吸波涂料力学性能好、面密度低，是高效的宽频带吸波涂料，可以覆盖电磁波、微波和红外线，它能增强腐蚀防护能力，耐候性好，涂装性能优异。基于以上优点，各国竞相在此领域投入人力、物力开发研制。

（3）手性吸波涂料

手性是指一种物质与其镜像不存在几何对称性，且不能通过任何操作使其与镜像重合。手性吸波涂料是近年来开发的新型吸波材料，它与一般吸波涂料相比，具有吸波频率高、吸收频带宽的优点，并可以通过调节旋波参量来改善吸波特性，在提高吸波性能、扩展吸波带方面具有很大潜能。

（4）导电高聚物材料

这种材料是近几年才发展起来的，由于其结构多样化、高度低和独特的物理、化学特性，而引起科学界的广泛重视。将导电高聚物与无机磁损耗物质或超微粒子复合，可望发展成为一种新型的轻质宽频带微波吸收材料。

（5）等离子隐身技术

等离子体是继固体、液体、气体之后的第四种物质形态，被称为物质第四态。等离子体之所以有隐身功能，是因为它对雷达波具有折射与吸收作用。

7.5 结语

21世纪的航空航天展现出广阔的发展前景，高水平或超高水平的航空航天活动更加频繁，其作用将远远超出科学技术本身。航空航天事业所取得的巨大成就，与航空航天材料技术的发展和突破是分不开的。21世纪以来，航空航天事业的发展进入新的阶段，将会推动航空航天材料朝着质量更高、品类更新、功能更强和更具经济实效的方向发展。未来航空航天材料的发展必将朝着智能化、高性能化以及大数据化方向发展。

思考题

1. 为什么说"一代材料，一代飞机"？
2. 航空发动机为何难以制造？试从材料的角度加以解析。
3. 为什么说航空航天工业最具影响力的趋势是飞机制造中复合材料使用的增加？分析复合材料在航空航天器中的应用。
4. 隐身材料有哪些种类？主要作用是什么？

第 8 章

生物医用材料——人类健康长寿的保障

8.1 人类健康面临的挑战

现代社会人类健康面临严峻的挑战，高血压、高血脂、高血糖，所谓的"三高"发病率急剧上升。据《中国居民营养与慢性病状况报告（2020）》，中国成人中超重和肥胖人口已超过 1/2，高血压人口 2.45 亿，血脂异常人口约 2 亿。癌症作为严重的恶性疾病，发病率和死亡率也在上升。

据国家癌症中心分析报告指出，我国平均每分钟有 7 人被确诊为癌症，4 人因癌症死亡。我国分别约占全球恶性肿瘤新发病例与死亡病例的 21.8% 和 27%，在 184 个国家和地区中，位居中等偏上水平。其中，肺癌居恶性肿瘤发病第 1 位，此外胃癌、结直肠癌、肝癌、女性乳腺癌，都处于发病例数高的癌症种类前列。白血病又称血癌，我国每年约新增 2 万名白血病患儿，对儿童的生命健康安全造成了严重的威胁。

糖尿病作为一种典型性疾病，发病率急剧上升，我国已成为糖尿病第一大国。糖尿病的并发症很多，对各重要器官都会造成严重影响，如脑出血、中风、冠状动脉栓塞、心绞痛、神经病变、血管病变、溃疡、视网膜病变、白内障、青光眼、肾功能衰竭等。肌萎缩侧索硬化，即所谓的"渐冻人症"，作为一种非典型疾病，也引起了广泛关注。著名物理学家霍金就是渐冻人症患者，他从 21 岁到 76 岁与渐冻人症抗争了整整 55 年。

在硬组织缺损方面，牙齿缺损、腿骨粉碎性骨折缺损，都有大量的患者；而在软组织缺损方面，面部的整形修复也有大量的患者需求。由于生活水平的提高、科学技术的发展、预期寿命的延长，人们对健康、生活质量的提升非常关注。因此，采用生物医用材料诊疗疾病，将具有非常重要的意义。

8.2 生物医用材料与健康

（1）生物医用材料的定义及要求

生物医用材料是用来对生物体进行诊断、治疗、修复或替换其病损组织、器官或增强其功能的材料。具体来说，生物医用材料包含 3 个方面：诊断、治疗、修复替换增强组织器官功能。诊断需要用到现代诊断技术；治疗涉及采用先进控制释放系统；修复替换增强组织器官功能，则涉及组织工程生物医用材料。生物医用材料不同于通用的材料，涉及人类健康，因而有严格的要求，主要有 7 个方面的要求：a. 化学惰性，不会因与体液接触而发生反应；b. 对人体组织不会引起炎症或异物反应；c. 不会致癌；d. 具有良好的血液相容性；e. 长期植入体内机械强度不会减小；f. 能经受必要的清洁消毒措施而不产生变性；g. 易于加工成需要的复杂形状。

（2）我国在生物医用材料领域的成就

我国科学家在生物医用材料领域做出了卓越的贡献。如卓仁禧院士成功开展了生物医学高分子材料研究，深入系统地研究了生物可降解聚磷酸酯、聚酯、聚氨基酸、聚乳酸和聚酸酐等的分子设计、合成方法及表征。同时研究了上述高分子材料对抗癌药物、避孕药物和蛋白质的控制释放性能，还开展了高分子材料作为基因转移载体的研究。在聚磷酸酯合成方法的研究中，发现 4-N,N-二甲基吡啶能够催化聚磷酸酯的溶液发生缩聚反应；在聚磷酸酯的生物活性研究方面，发现含酪氨酸二肽的聚磷酸酯疫苗佐剂显示出与弗氏完全佐剂相当的免疫效果。顾宁院士在国际上率先提出以铁基纳米材料和磷脂分子为两大基础材料，构建以磁性微泡为代表的诊疗一体化材料体系；发明了磁致内热法、液相中微纳颗粒磁矩图像法测量等新方法，发现了铁基纳米材料的双酶与多酶效应并阐明机制，研制并获批医用纳米氧化铁弛豫率国家标准物质和类酶活性测定的国家标准；研发出高性能医用磁性微纳材料，已广泛应用于核酸转染与蛋白质分离、化学发光检测等新品研发与临床诊断；研发的多聚糖超顺磁氧化铁静脉注射液，临床研究除用于补铁治疗外还可用于磁共振影像增强，为新一代磁共振对比剂奠定基础；创新合成磷脂制备与递药技术，研制出高纯合成磷脂并获国家药品监督管理局药品审评中心备案，支撑建成中国国内唯一可生产并提供合成磷脂的企业，磷脂材料已用于国内外众多研究机构与药企的高端制剂研发。张兴栋院士发现材料亦可诱导软骨等形成，提出"组织诱导性的生物材料"，即无生命的生物材料通过自身优化设计，可诱导有生命的组织或器官再生，开拓了生物材料发展的新方向。陈学思院士研究了交酯和环酯开环聚合催化剂的合成与性能表征，生物可降解高分子材料与纳米无机材料的复合与医学应用探索，具有功能性和智能性的生物可降解高分子材料的设计与合成，生物可降解材料在基因和抗肿瘤药物缓释上的应用研究，组织工程支架与骨组织工程修复和聚乳酸产业化开发。

8.3 现代诊断系统

在现代诊断中，早期诊断具有重要的价值和意义，尤其对重大的疾病如癌症，早发现即在它扩散之前，更容易被成功治疗并挽救生命。因为癌细胞一旦发生扩散转移，治疗会变得更加困难，而且患者的生存概率也要低得多。纳米诊断材料和技术，由于其独特的优势备受青睐。为什么要选择纳米诊断呢？因为纳米诊断更精确、快速、高效，应用纳米技术可将微型的诊断仪器植入人体内，在体内随血液运行，实时将体内信息传送到体外记录装置。铁蛋白纳米颗粒诊断肿瘤新技术［图 8.1（a）］、纳米金诊断技术［图 8.1（b）］都是纳米诊断技术的重要代表。

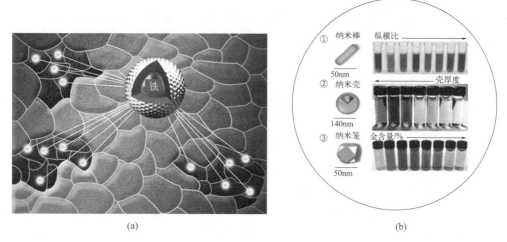

(a)

(b)

图 8.1　铁蛋白纳米颗粒诊断肿瘤新技术（a）和纳米金诊断材料（b）

（1）纳米金诊断

有文献报道科学家制备了壳聚糖-聚丙烯酸-金纳米粒子复合微球，这是一种集载药与造影于一体的多功能聚电解质-金纳米粒子复合微球［图 8.2（a）］。其中，以壳聚糖为纳米载体的复合微球成功地将包覆的金纳米粒子与药物一同送入细胞核，起到了细胞核给药和细胞核造影的双重功能，这使得从细胞核层面进行医疗诊断成为现实。科学家发现，金纳米颗粒可以让肿瘤细胞无处遁形。研究人员以金纳米颗粒为载体，设计出表面负载大量特异性双链 DNA 的球形核酸探针［图 8.2（b）］。在端粒酶的催化下，该探针能够释放荧光染料进入细胞质中，使肿瘤细胞发出红色荧光，从而达到肿瘤细胞的可视化检测。金纳米棒也可以作为生物分子探针。美国 Purdue 大学的研究人员将金纳米棒注入实验鼠体内，在其流经血管时，利用双光子成像技术（TPL）透过皮肤得到了

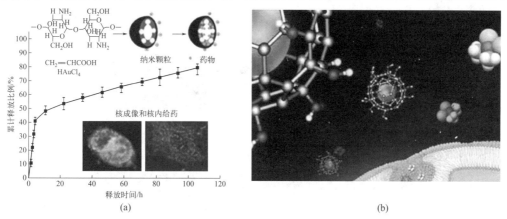

(a)

(b)

图 8.2　壳聚糖-聚丙烯酸-金纳米复合粒子细胞造影剂（a）和
表面负载大量特异性双链 DNA 的球形核酸探针（金纳米颗粒为载体）（b）

血管结构的原位图像。记录的图像比传统荧光染料法明亮得多，单个金纳米棒比单个罗丹明 6G 分子（一种荧光染料，邻苯二酚类）发出的双光子荧光要亮 58 倍。

纳米材料应用于核磁共振成像（MRI）造影剂存在明显的优势。因为生命体内不同的组织、脏器以及细胞等对不同尺寸的颗粒具有一定的选择性富集或结合的性质，通过具有良好生物相容性的纳米微粒控制释放体系，纳米尺度的微粒材料可以在身体的一些特定部位或区域富集，以达到被动靶向的目的。如果纳米微粒表面修饰上一定的分子，如抗体，则该材料可主动地寻找到相关的抗原等目标分子与其结合，获得主动靶向的功能。例如经过表面修饰的纳米颗粒可以聚集在癌细胞组织周围，从而实现癌症诊断。

（2）核磁共振纳米灯诊断

科学家采用核磁共振技术制备了一种新型的诊断材料，称为核磁共振纳米灯，可以让癌细胞发光（图 8.3）。纳米造影剂基于磁谐振技术，主要由两种磁性材料组成，包括"开关材料"（磁性纳米颗粒）和"显影材料"（顺磁性 MRI 造影剂），两种材料之间的距离不同，核磁共振图像的亮度也不同。两种材料之间的临界距离大于 7nm 时，开关材料对显影材料的影响消失，顺磁性造影剂在 MRI 图像上充分显影，此时相当于开关的"开"；当二者距离小于 7nm 时，顺磁性造影剂在 MRI 图像上的状态则是"关"。研究人员合成了一种足以探测实验鼠体内癌症的造影剂，该造影剂使用一种能够被癌症代谢产物 MMP-2 酶切断的生物材料连接"开关材料"和"显影材料"，令两种材料之间的初始距离小于 7nm。造影剂注入实验鼠组织后，如果组织中存在癌变，两种材料之间的连接将会被 MMP-2 酶切断，导致两种材料分离，MRI 图像会将病灶区域显示为高亮度。使用纳米造影剂技术诊断时，MRI 检查能够显示肿瘤的存在和具体分布，还可以通过图像揭示癌组织中 MMP-2 酶的浓度，获得癌变分期等进一步信息。

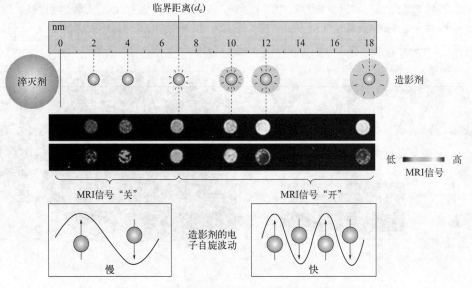

图 8.3 "核磁共振纳米灯"让癌细胞"发光"

8.4 先进控制释放系统

诊断结束以后，就需要进一步地进行治疗。进行药物治疗时，如能实现控制释放，则能够提高药物的利用度、降低药物的毒副作用。为了实现该目的，需要设计制备新型的药物控释载体材料。那么什么是药物控释载体呢？通过控释衣膜等材料来定量匀速地向外释放药物，使血药浓度保持恒定的物质称为药物控释载体。药物控制释放的功能可以通过膜透过控制体系、机体扩散体系达到。控释药物的剂型有口服剂、注射剂、植入剂、喷雾剂、经皮给药剂、黏膜贴剂等，所采用的技术有缓释技术、靶向技术、纳米技术等智能控制释放。其中纳米药物控释载体具有广阔的应用前景，因为纳米控释载体技术具有多个优点，可以解决口服易水解药物的给药问题，使原本只能注射的药物可以直接口服而不破坏疗效，大大简化给药途径；可以延长药物的体内半衰期，解决因药物半衰期短而需每天重复给药多次的麻烦，并可解决需长期乃至终身用药治疗的高血压、冠心病等疾病的用药问题。定向给药不仅可以减少药物不良反应，而且可将一些药物输送到机体天然的生物屏障部位，达到治疗以往只能通过手术治疗的疾病的目的。

（1）微胶囊技术和脂质体药物控制释放载体

非水溶性和毒副作用是影响药物生物利用度和临床疗效的重要原因。近几十年来人们在药物载体的开发方面做出了巨大努力，大量新型制剂应用于临床。微胶囊技术自1949年被发明以来就很快用于药物包封，它不仅可以提高药物在水溶液中的分散性，还能够利用胶囊壳层有效控制药物的扩散速率和血液浓度，实现药物的缓释。在此后相当长的时间内，人们在药物释放体系的设计与研究中，大都优先考虑药物在载体中的分布和载体/药物相互作用对释放动力学、药物血液浓度的影响，这使得当前临床制剂所使用的药物载体技术仍有50%以上采用微胶囊或类似技术。

但是从20世纪末期开始，脂质体类药物控制释放载体逐渐为人们所重视。脂质体在水溶液中形成类似生物膜结构的囊泡或胶束，可以增溶疏水药物且降低药物本身毒性。这是由于脂质体的释药机制不同于微胶囊或类似体系的扩散控制，细胞对脂质体颗粒的摄取大都通过内吞作用，那些在血液中稳定性差或具有高溶血性和高细胞毒性的药物可由载体携带入细胞内进行释放。此外，通过对脂质体的化学改性可以延长载体在血液中的循环时间，提高药物的细胞摄取概率，也为其到达远端靶组织提供条件。实际上，脂质体制剂在治疗类似肿瘤等重大疾病时会存在一些问题，比如一方面，脂质体的稳定性和抗稀释性差、易破碎、免疫原性高、易为单核巨噬细胞（MPS）吞噬，这使得药物随脂质体进入血液后在体内的分布不易控制；另一方面，由于构成脂质体的磷脂分子量低，可供改性的反应位点少，所携带功能基团的数量有限，使得对化学改性脂质体的功能基团分布难以精确控制，所以目前使用脂质体作为靶向药物载体时多采用被动靶向机理。

（2）聚合物药物控制释放载体

近十几年来，在脂质体制剂研究和临床实践的基础上，人们对聚合物药物控制释放载体的研究兴趣不断增加。特别是在肿瘤治疗药物的靶向载体制备方面，聚合物体系有其独特优势。近期研究表明，核壳结构的聚合物胶束在水相中具有极好的热力学稳定性，临界聚集浓度低，抗稀释性强，疏水微区可以有效地对肿瘤治疗药物进行包封。同时，其表面的亲水壳层可以保护药物不被生物活性物质所降解，并提高载体在体内的循环寿命。因此聚合物胶束在抵达肿瘤组织前可以安全地在血液里循环相当长的时间。聚合物胶束将主要在肿瘤区域集中，这是因为肿瘤组织特殊的生理特性。大多数实体瘤的病理生理特征与正常组织器官相比有显著不同，表现为肿瘤血管生长迅速、外膜细胞缺乏、基底膜变形、淋巴管道回流系统缺损、大量血管渗透性调节剂（缓激肽、血管内皮生长因子、一氧化氮、前列腺素和基质金属蛋白酶等）的生成。这些生理性变化有利于迅速增长的肿瘤组织获取大量营养物质和氧气，同时这也导致了肿瘤血管渗透性的增加，进而产生了高通透性和滞留（EPR）效应。EPR 效应是指分子体积大的高分子化合物或纳米载体比低分子量的物质更能渗透、经过癌组织，因为低分子量的物质可以以扩散的方式返回到循环体系中。加上癌细胞破坏淋巴系统，造成高分子化合物停留在肿瘤组织附近时间较长，有的可长达 100 小时（图 8.4）。

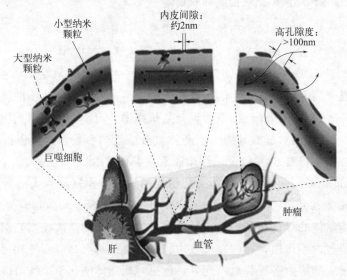

图 8.4　EPR 效应导致磁性纳米粒子在肿瘤部位蓄积

一般认为分子量大于 5 万的分子或与其相当的粒子有明显的 EPR 效应，这是固体在肿瘤中的一个普遍现象。作为载体，理想聚合物胶束的另一个重要特点是可控释放负载的药物，实现按需释放，减少副作用，达到最佳的治疗效果（图 8.5）。

目前比较有效的途径是制备环境敏感的聚合物胶束，通过体内或体外施加刺激来控制聚合物胶束的释放速度。具有不同刺激响应性的聚合物自组装体在生物医学领域的应用见图 8.6（a）。内部生物刺激有：酶活性、还原电势、糖浓度、内溶酶体 pH 值。外部物理刺激有：温度、光、电场、超声、机械力。药物控释载体就像航空母舰，通过

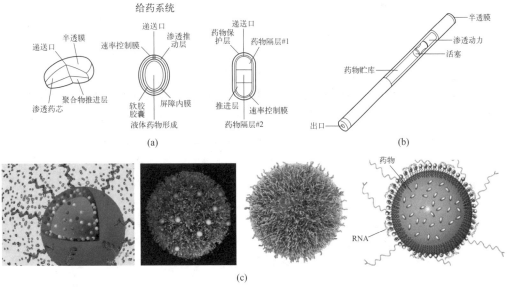

图 8.5 可控释放负载药物
(a) 口服缓释片剂、胶囊；(b) 植入型药物缓释棒；(c) 纳米药物载体

"航空母舰"可以实现对"武器"的智能控制，使靶向药的释放剂量、释放时间以及打击目标都达到非常精准的程度，可以在不影响健康细胞的情况下，精准杀灭肿瘤细胞并抑制肿瘤转移。"武器"包括治疗肿瘤的靶向药、治疗过程中的追踪剂等。例如，负载药物的温度响应性纳米自组装体进入肿瘤细胞释放药物，在该体系中，如果聚合物的浓度大于临界胶束浓度，则聚合物形成胶束；当温度高于最低临界溶液温度（LCST）时，热敏性聚合物嵌段发生收缩诱导所负载的药物释放［图 8.6（b）］。

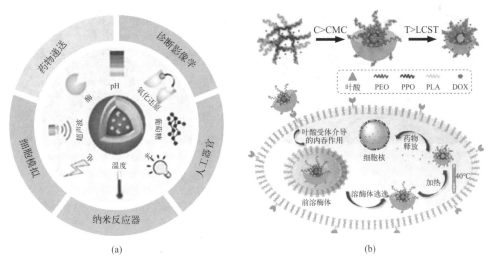

图 8.6 具有不同刺激响应性的聚合物自组装体在生物医学领域的应用（a）及
负载药物的温度响应性纳米自组装体进入肿瘤细胞释放药物过程（b）

基于分子识别的温度响应性聚合物纳米胶束构建与药物可控释放如图 8.7（a）所示，在该体系中，α-环糊精常温下与嵌段共聚物发生超分子自组装形成两亲性聚合物体系，并自组装为纳米胶束；当温度升高至临界温度，α-环糊精从聚合物链中脱落，胶束

逐渐解体，导致所负载的药物释放。具有磁热性能的温度响应性复合胶束制备与药物可控释放如图 8.7（b）所示。在该体系中，由两亲性温度响应性共聚物自组装形成的纳米胶束负载磁性纳米粒子和药物，利用磁性纳米粒子产生的磁热效应使胶束体系温度升高，当温度高于温度响应性链段的 LCST 值时，链段发生收缩，促使药物释放，同时磁性纳米粒子生热也起到了热疗的作用。具有光热功能的纳米自组装体与温度响应性的药物可控释放如图 8.7（c）所示。在该体系中，聚合物胶束负载了近红外光响应的材料和药物，在正常情况下，药物不释放，在肿瘤部位，通过体外近红外光照射，胶束产生光热响应，胶束体系温度高于体温，药物释放。进一步的动物实验表明：光热协同效应有利于杀死肿瘤细胞〔图 8.7（d）〕。

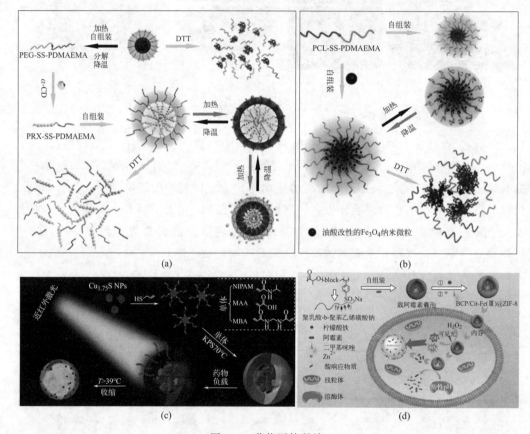

图 8.7 药物可控释放

（a）基于分子识别的温度响应性聚合物纳米胶束构建与药物可控释放；（b）具有磁热性能的温度响应性复合胶束制备与药物可控释放；（c）具有光热功能的纳米自组装体与温度响应性的药物可控释放；（d）光动力疗法与化学疗法的结合

8.5 骨组织工程支架材料

组织工程支架材料是指能与组织活体细胞结合并能植入生物体的不同组织，并根据具体替代组织具备的功能的材料。为了使种子细胞增殖和分化，需要提供一个由生物材料所构成的细胞支架，支架材料相当于人工细胞外基质。组织工程支架材料包括：骨、软骨、血管、神经、皮肤和人工器官（如肝、脾、肾、膀胱）等的组织支架材料。而骨组织工程三要素为：种子细胞、信号因子和支架材料。骨组织工程实施过程为：将种子细胞植入支架材料，细胞在支架材料中黏附、分化、增殖，进而产生新骨，使骨缺陷修复完成，同时支架材料降解。

8.5.1 骨组织工程支架材料的性能要求

对骨组织工程支架材料，有如下的性能要求：

（1）生物相容性和表面活性

要求支架材料有利于细胞的黏附，无毒，不致畸，不引起炎症反应，为细胞的生长提供良好的微环境，能安全用于人体。

（2）骨传导性和骨诱导性

具有良好骨传导性的材料可以更好地控制材料的降解速度；具有良好骨诱导性的支架材料植入人体后，有诱导骨髓间充质干细胞向成骨细胞分化并促进其增殖的潜能。

（3）合适的孔径和孔隙率

理想的支架材料孔径最好与正常骨单位的大小相近（人骨单位的平均大小约为$223\mu m$）；在维持一定的外形和机械强度的前提下，通常要求骨组织工程支架材料的孔隙率应尽可能高，同时孔间具备连通孔隙，这样有利于细胞的黏附和生长，促进新骨向材料内部的长入，利于营养成分的运输和代谢产物的排出。

（4）机械强度和可塑性

要求支架材料可以被加工成所需要的形状，并且在植入体内一定时间后仍可保持其形状。

（5）可降解性

要求支架材料在组织形成过程中逐渐分解，并且速度与组织细胞的生长速度相一致，降解时间应能调控。

8.5.2 骨组织工程支架材料的分类

从材料的角度分类，骨组织工程支架材料有：人工合成材料、天然衍生材料、复合支架材料。

（1）人工合成材料

① 无机材料：应用于骨组织工程的无机材料有生物陶瓷（氧化铝陶瓷、羟基磷灰石、磷酸三钙）、多孔金属（不锈钢、钴基合金、记忆合金）、钛及钛合金、磷酸钙水泥，其中以羟基磷灰石和磷酸三钙的研究较多。

② 有机材料：应用于骨组织工程的有机材料有聚丁酸、聚偶磷氮、聚酸酐、聚乙二醇、聚尿烷、聚乳酸和聚羟基乙酸及二者的共聚物，其中以聚乳酸、聚羟基乙酸及聚乳酸-聚羟基乙酸共聚物的研究最为广泛。

③ 纳米材料：纳米材料是从原子水平制备的支架材料，其最大的特点是具有高比表面积和孔隙率，有利于细胞接种、迁移和增殖。纳米纤维材料仿生化的微环境能影响细胞与细胞、细胞与基质之间的相互作用，调节细胞的生物学行为。纳米材料安全性能的科学评价将是其应用于临床所面临的挑战。

（2）天然衍生材料

① 天然骨：天然骨的来源有同种异体或异种动物骨。

② 天然有机高分子材料：天然有机高分子材料包括胶原、纤维蛋白、几丁质、藻酸盐、壳聚糖。

③ 天然无机材料：珊瑚材料的优点是具有多孔性和高孔隙率及良好的生物降解性，另外有一定的机械强度和可塑性，来源丰富；但缺点是降解速度较慢，限制其在骨组织工程中的应用。珊瑚骨（海珊瑚及珊瑚羟基磷灰石）的主要成分是碳酸钙，其优点是骨传导作用较好，在高孔隙率时仍保持机械强度高的特点；但缺点是力学性能较差、无骨诱导作用、不易加工。

④ 微波烧结墨鱼骨：微波烧结墨鱼骨是通过高温热处理获得的多孔纯骨矿材料，可突破异种骨移植的限制。

（3）复合支架材料

① 羟基辛酸共聚体：由微生物合成的天然高分子聚酯材料多聚羟基烷酸能够作为组织工程支架进行组织修复，多聚羟基烷酸的新产品羟基丁酸与羟基辛酸共聚体具有良好的细胞相容性和生物可降解性，有望成为一种新型的骨组织工程支架材料。

② 纳米羟基磷灰石：与胶原复合的骨组织工程支架材料羟基磷灰石和胶原，由于具有良好的生物相容性和可降解性，成为支架材料研究应用中重要的天然材料，但因各自有缺点而限制了临床进一步的应用。若利用特殊的实验方法按照一定比例将两种材料结合为复合材料，则有可能优化两种材料的生物性能。

③ 壳聚糖-脱细胞真皮三维材料：该支架材料具有良好的细胞相容性，对细胞有很好的亲和性，能促进细胞黏附、生长、增殖和分化。壳聚糖-脱细胞真皮支架材料在组织工程中是一种很好的生物相容性材料，满足组织工程新型支架材料的基本要求。

8.5.3　新型骨组织工程支架材料

（1）羟乙基壳聚糖/纤维素支架

天然多糖制成的水凝胶可以作为组织工程的理想支架，因为它们与细胞外基质相似。有研究报道，科研工作者发明了一种新型羟乙基壳聚糖/纤维素支架（图8.8）。通过化学交联，使用二氧化硅颗粒作为致孔剂的颗粒浸出和冷冻干燥方法，由羟乙基壳聚糖（HECS）和纤维素（CEL）制备了具有气泡状多孔结构的新型水凝胶支架 HECS/CEL。

通过 SEM、机械试验、接触角测量和流变仪对 HECS/CEL 支架的形态、压应力-应变曲线、润湿性、溶胀度和流变行为进行了表征。结果表明，HECS/CEL 支架具有良好的综合性能，20 秒内可达到水中平衡膨胀状态；HECS/CEL 支架可以很好地支持成骨细胞 MC3T3-E1 的附着、扩散和增殖，并显示出良好的生物相容性。因此，新型 HECS/CEL 支架对于骨组织工程应用是有希望的。

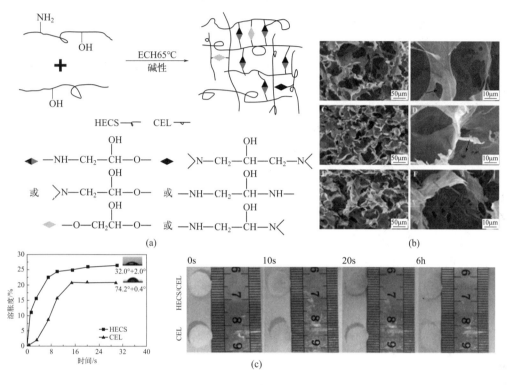

图 8.8　新型羟乙基壳聚糖/纤维素支架
（a）支架制备过程结构式；（b）支架微观照片；（c）支架的物理性能与形貌

（2）碳纳米纤维/羟基磷灰石支架

临界尺寸骨缺损是矫形缺损，不会在没有干预的情况下愈合，也不会在动物的自然生命周期内完全愈合。尽管骨通常具有完全再生的能力，但临界缺陷需要某种支架才能完成，因此提出了一种获得碳纳米纤维/羟基磷灰石（HA）生物活性支架的方法。通过使用聚丙烯腈（PAN）聚合溶液的静电纺丝工艺和随后的稳定化和碳化方法获得碳纳米纤维（CNF）非织造织物，然后将 CNF 片用羟基磷灰石（HA）和牛血清白蛋白（BSA）两者官能化。将 HA 加入静电纺丝溶液中，在 BSA 存在的情况下，碳化处理后被吸附。使用 SEM、FT-IR、热重分析（TGA）和能量色散 X 射线光谱（EDX）等表征方法研究在前体片中发生的性质变化，并通过皮下植入在新西兰白兔中测试制备的材料的生物相容性。HA 和 BSA 功能化的片材与 3 周内只有 HA 的试验兔相比，具有更少的嗜中性粒细胞和淋巴细胞炎症细胞的生物相容性。

（3）3D打印支架

骨关节炎是一种退行性关节疾病，其临床表现为关节的红、肿、热、痛、功能障碍及关节畸形，严重者导致关节残疾，影响患者生活质量。关节炎疾病进程中，软骨首先受到损伤，而软骨损伤通常累及软骨下骨，进而导致骨-软骨缺损。由于软骨和软骨下骨的生物学特性不同，导致骨-软骨一体化修复极具挑战。中国科学院上海硅酸盐研究所研究人员提出构建兼具软骨-软骨下骨一体化修复的3D打印生物陶瓷支架的策略，通过3D打印方法制备有序大孔结构的锰-磷酸三钙生物陶瓷支架。锰的引入大幅度提高支架的致密度和抗压强度，锰-磷酸三钙生物陶瓷不仅可以通过激活缺氧诱导因子（HIF）信号通路促进兔子软骨细胞和骨髓间充质干细胞的增殖，支持软骨细胞成熟和促进骨髓间充质干细胞向成骨分化，而且可以通过诱导炎症模型的软骨细胞产生自噬保护软骨细胞。同时，体内修复实验表明，锰-磷酸三钙支架能显著促进软骨下骨和软骨组织的生成，在骨-软骨一体化修复领域具有广阔的应用前景。此外，他们在3D打印复杂仿生结构生物陶瓷用于血管化大块骨缺损修复方面也取得了新进展。在临床上，大块骨缺损的修复一直是一个挑战，由于3D打印技术可以便捷地制备形状可控的多孔支架材料，因而被广泛应用于生物材料和骨组织工程领域。这种传统的3D打印支架具有多孔的结构，将材料植入缺损部位后，营养物质和细胞会沿着孔向内渗入支架内部，进而有利于骨组织向内长入，最终促进骨缺损的修复。

然而，传统的3D打印支架在大块骨缺损方面仍显不足。首先，由于传统的3D打印支架都是由实心的基元堆叠而成，这大大降低了材料的孔隙率；其次，传统3D打印支架的孔隙呈阶梯三维延伸状，并没有形成平直的通道状，因此在流体力学上有较强的流体阻力，不利于营养物质和细胞渗入支架内部，从而阻碍了修复过程中的成血管和成骨。该研究所研究员制备出由空心管基元堆叠而成的3D打印生物陶瓷支架，这种空心管结构的3D陶瓷支架比传统的3D打印支架有更高的孔隙率。不仅能够促进血管向内长入，同时还会促进干细胞和生长因子的传递，更有利于大块骨缺损的修复。该所研究人员还制备了含Li的介孔生物活性玻璃支架，并研究了其在关节缺损修复中的作用，发现该类材料不仅能够促进关节软骨下骨的修复，同时还能够促进关节软骨缺损的愈合与再生。

3D打印骨修复材料可以针对不同受损部位，结合医学影像技术，通过电脑软件逆向设计出填补缺损的形状，然后使用具有生物活性的物质或能与细胞相结合的材料，打印出人工骨修复填充物支架，放入缺损部位，以此来引导骨细胞的生长，实现个性化的修复。

常用的生物材料多会添加一些如生长因子、蛋白因子等生物活性物质，但是存在剂量不好控制、不易保存、制备过程中容易失去活性等问题。而金属镁则不存在上述问题，镁元素属于人体必需的元素之一，几乎参与人体内所有的新陈代谢过程且具有诱导骨生长的作用；金属镁植入物能积极有效地刺激新骨形成，这将有利于骨折、骨缺损的愈合和骨组织再生。中国科学院深圳先进技术研究院医工所转化医学研究与发展中心研究人员研发的含镁可降解高分子骨修复材料，已进入国家市场监督管理总局医疗器械技术审评中心发布的最新一期《创新医疗器械特别审批申请审查结果公示》名单中。在体内外研究中，含镁可降解高分子骨修复材料显示出良好的生物相容性和生物活性，具有与松质骨相匹配的力学强度和可显著提高植入部位新骨再生和血管生成的作用。通过3D打印技术，科研人员可以调控镁的浓度和分布，设计微观结构，让它最有利于骨组织再生；同时设计宏观结构，让打印出的支架和受损部位的形状、尺寸相吻合，骨修复材料的降解速度也可以调控。

非动物源性人工骨修复材料从组分上大致分为生物玻璃、磷酸钙、硫酸钙和羟基磷灰石等四大类，其成分与人体骨组织的无机成分相似，具有较好的生物安全性，但上述种类的产品存在降解性能及结构难调控的问题。研究人员开发的含镁可降解高分子骨修复材料，通过可降解的高分子材料包裹磷酸三钙和金属镁颗粒，实现对产品整体降解的调控。含镁可降解高分子骨修复材料产品，利用3D打印调控产品的物理结构及磷酸三钙和金属镁在产品内部的有序分布，是一种可降解型多孔骨修复填充产品，产品力学强度与骨生长需要相匹配，适用于疾病、创伤造成的规则或不规则的骨缺损部位的填充，并促进缺损部位愈合及新骨再生。含镁可降解高分子骨修复材料产品的设计和制造技术处于国际领先水平，并且具有显著的临床应用价值。

此外，空军军医大学西京医院骨科开展了3D打印支架长段骨缺损修复的临床试验。3D打印支架采用无丝3D打印技术为患者量身定制，材料为生物相容性的陶瓷复合材料，能够在诱导患者自身新骨生成的同时逐渐降解，最终被患者的新生骨组织完全替代，无需二次手术取出，降低了植入物在体内长期存在的潜在风险。

8.6 结语

生物医用材料的广泛应用，有利于促进医疗水平的进步，不断完善生物医用材料，对于充分发挥其在生物医学领域的作用具有重大意义。我国生物医用材料的发展起步较晚，但随着国家政策的大力支持，广大科技工作者的努力工作，产业界的努力拼搏，整体呈现欣欣向荣的发展态势，拥有了相当一批的自主知识产权的技术与产品。随着科学技术的发展及人们对健康、美好生活的追求，生物医用材料将向个性化、精准化、智能化方向发展。

思考题

1. 生物医用材料与普通材料相比，有什么特殊要求？
2. 纳米材料在医学诊断方面有何应用？
3. 简述纳米药物控释载体作用机理和应用前景。
4. 简述组织工程材料对人类疾病治疗的重要性和要求。

第 9 章

钢铁——现代工业的基石

9.1 钢铁在工业革命和国民经济发展中的重要作用

4000 多年前，古埃及人和美索不达米亚人发现陨铁并利用这个"神的礼物"来作为装饰。2000 多年之后，人们才开始用开采的铁矿石来生产铁（工业上将这个过程称为"炼铁"，或"冶铁"）。印度炼铁的历史最早起源于公元前 1800 年。公元前约 1500 年，安纳托利亚的赫梯人开始冶炼铁。公元前 1200 年，赫梯王国灭亡，部落居民带着他们的炼铁知识迁徙到欧洲和亚洲。从此，人类进入"冶铁时代"。

早期的炼铁匠们利用木炭作燃料加热铁矿石，熔融后冶炼出铁。用这种工艺生产的铁呈"海绵状"，称为"块炼铁"。他们注意到，铁留在木炭炉中时间较长的情况下，其性能会改善，表现为强度和硬度提高，这是非常有价值的发现。他们还发现，块状铁经过加热后，柔韧性得到改善，从而可以通过弯曲和捶打的方法将这些块状铁加工成不同形状的金属工件。

钢材与铁的区别在于：与铁相比，钢材的含碳量更低（2.0% 以内），因而弯曲韧性和耐腐蚀性等都有所改善。但那时候的工匠们不知道如何生产出钢材。也许是巧合，工匠们通过各种尝试，终于在还原气氛中生产出了所谓的钢材。为提高钢材的硬度，人们还摸索出淬火工艺，即把加工后尚处于高温的钢材工件快速浸入水或油中使其急冷，从而提高硬度。在塞浦路斯的一次考古中，考古学家发现，公元前 1100 年就出现了经淬火硬化的钢制刀具。

战争是早期钢铁工业发展的重大推动力。古代军队需要结实、耐用的兵器和盔甲，促使他们寻求合适的原材料并摸索进一步改善性能的工艺。这期间，罗马人探索到对加工硬化的钢铁进行回火处理（即通过再加热并缓慢冷却）以降低其脆性的工艺。到 15 世纪，钢铁已经在全世界广泛应用。刀剑的制作尤其凸显了钢材的优良特性，刀剑的刃要同时具有坚硬且柔韧的性能，才能更加锋利。从大马士革宝剑和托莱多宝剑到日本的武士剑，都是以钢材为原材料加工而成的，那个时期，钢材是制作兵器的最好材料。

人们对钢材性能的认识和对其用途的认可，推动了欧洲大陆钢铁工业的不断发展。早在 12 世纪，诸如高炉炼钢等工艺也在亚洲出现，如图 9.1～图 9.3 所示。那个时代的大部分炼钢工人已学会用渗碳工艺生产钢铁，即在长时间加热情况下，使活性碳原子渗入锻铁棒表层内，以增加钢铁工件表层中的碳含量，这样可提高钢铁工件表层的硬度。该工艺过程可能需要持续数天甚至数周。

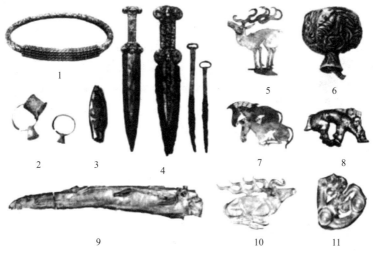

图 9.1　考古发现的早期中亚的铁器

图 9.2　铁器时代的武器

图 9.3　大马士革钢匕首（a）和传统波斯剑（b）

　　1775 年，詹姆斯·瓦特（James Watt）发明了改进的蒸汽发动机，这项发明标志着工业革命的开始。工业革命的前提是钢铁的生产与性能的提高，而工业革命同时又促进了钢铁性能的改善，并带动了钢铁的大规模生产。英国发明家亨利·贝塞麦（Henry Bessemer）发现，将熔化的生铁放进蛋状的转炉内，用气泵向铁水中吹入高压空气，而不是等铁水冷却，这样便可让空气与杂质，如碳、锰和硅发生氧化反应；氧化反应进一步提高了铁水温度从而去除更多杂质元素，转炉口猛烈地喷溅出钢花，像火山喷发一般。在半小时内完美地控制并完成这一过程，铁水便转变成了钢材，真正实现了炼钢的快速化，如图 9.4 所示。贝塞麦的这项工艺发明奠定了钢铁在世界工业经济中的基石地位。

19世纪中叶英国人贝塞麦发明的转炉。风从"风箱"(A)吹进炼钢炉，通过熔融的生铁，把铁中的大部分碳烧掉，剩下钢。此时转炉是垂直状态。然后把转炉倾斜，让钢水从炉口流出来(B)

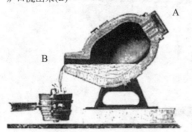

图9.4 贝塞麦发明的冶金转炉

到21世纪，钢铁已经是世界上最重要的基础应用材料之一，从基础设施的建设到运输设备的制造，再到储存食物的锡铁罐，钢铁无处不在，可以说，钢铁已经渗透到人类生活的方方面面。钢铁是强大的、多功能的且能无限循环使用的材料，利用钢材，可以建造庞大的建筑物，也可以制造精密仪器的微小零件。钢铁工业是国家的基础工业之一，是国民经济的中流砥柱，也是国家生存和发展的重要物质保障。

钢铁具有以下特点：

① 钢铁的原材料铁矿石资源较丰富，钢铁的冶炼和加工也较容易，因此钢铁生产规模大、效率高、质量好、成本低，具有其他金属生产无可比拟的优势。

② 钢铁具有良好的物理、力学和工艺性能，可广泛用于工业、农业、国防、交通运输及人们的日常生活。

③ 将某些金属（如镍、铬、钒、锰等，甚至稀有元素）作为合金元素加入钢铁中，可获得具有各种性能的金属材料，以适用于不同的应用场景。

④ 钢铁是一种可再循环、再利用的材料。

钢铁在各类原材料中用途最广泛，当今世界的经济和文化发展与钢铁生产有着非常密切的关系，钢铁生产对国防建设具有举足轻重的作用。

9.2 中国的钢铁产量及钢铁在国民经济中的地位

从世界钢铁产业发展看，全球钢铁产能并不集中于铁矿石富集的国家，而是集中于钢材消费大国。世界上所有工业发达国家，即便铁矿石资源贫乏甚至全部依赖进口，却都是钢铁生产大国和强国。钢铁工业集中于消费地而非资源地是世界性的钢铁产业布局规律，而中国自2008年起一直是世界最大的钢铁消费和生产国。

中国的钢铁工业历经60多年的发展，特别是改革开放30年来取得了巨大进步，获得了举世瞩目的成就，钢铁工业的钢产量增加速度加快，技术水平得到明显提高，产品结构不断调整，中国也因此成为名副其实的钢铁大国。综合来看，中国的钢铁产量呈现逐年增加态势，且稳居全球第一。2021年全年，中国粗钢、生铁、钢材产量分别为103279万吨、86857万吨和133667万吨。

钢铁被大量应用于建筑、汽车、航天等领域中，尤其在建筑行业，钢铁起到了加固建筑结构的关键作用。日本的建筑设计标准当中要求按100年使用年限设计建筑，规定单位建筑面积用钢筋90kg左右，主要受力钢筋强度不小于690MPa。在2008年，我国新修订了《建筑工程抗震设防分类标准》，要求通过钢结构、钢混结构对建筑物进行加固，这不仅对我国钢铁产量提出了不小的要求，更是要求对钢铁质量进行把关，引起了相关质量检测规范的革新。

9.3 钢材基本知识

9.3.1 钢材的分类

钢铁冶炼产品有生铁、钢及铁合金等。

（1）生铁

生铁是由铁和碳及少量硅、锰、硫、磷等元素组成的合金，主要由高炉生产。按用途可分为炼钢生铁和铸造生铁。炼钢生铁是炼钢的主要原料；铸造生铁用于铸造。

（2）钢

钢是含碳量低于2.0%并含有少量其他元素的铁碳合金，是社会生产和日常生活必需的基本材料。

（3）铁合金

铁合金是由铁与一种或几种元素组成的中间合金，主要用于炼钢脱氧或作为合金添加剂。

钢和生铁最根本的区别是含碳量不同，生铁中含碳量>2%，钢中含碳量≤2%。含碳量的变化会引起铁碳合金质的变化。钢的综合性能，特别是力学性能（抗拉强度、韧性、塑性）比生铁好得多，用途也更为广泛。

按组成元素不同，钢可分为碳素钢和合金钢。碳素钢含有规定的碳元素及其他元素如硅、锰等。为改善或获得某种性能，在碳素钢的基础上，加入一种或多种适量元素的钢称为合金钢。

钢的分类方法，除了按照组成元素不同外，尚有其他方法，如表9.1所列。

表 9.1　钢的分类

分类方法	类别	名称及要求		
冶炼	冶炼设备	转炉钢、电炉钢		
	脱氧程度	镇静钢、半镇静钢、沸腾钢		
化学成分	碳素钢	低碳钢　　$w(C)<0.25\%$ 中碳钢　　$w(C)=0.25\%\sim0.6\%$ 高碳钢　　$w(C)>0.60\%$		
	合金钢	低合金钢 中合金钢　　合金元素总量 高合金钢	$\begin{cases}<3\%\\3\%\sim10\%\\>10\%\end{cases}$	

分类方法	类别	名称及要求
质量	普通碳素钢	甲类钢 乙类钢 $\}$ $w(S)<0.05\%$, $w(P)<0.045\%$ 特类钢
	优质碳素钢	$w(S)<0.035\%$, $w(P)<0.035\%$
	高级优质钢	合金钢　$w(S)<0.02\%$, $w(P)<0.03\%$
用途	结构钢	碳素结构钢、建筑用钢、机械用钢 弹簧钢、轴承钢、合金结构钢
	工具钢	碳素工具钢 合金工具钢　刃具用钢、量具用钢、模具钢 高速工具钢
	特殊性能钢	不锈钢、不锈耐酸钢、耐热不锈钢、磁性材料等

钢材还可根据断面形状的特征进行分类，包括以下五类。

（1）**板带钢**

板带钢是一种宽度与厚度比值（B/H 值）很大的扁平断面钢材。它作为成品钢材用于国防建设、国民经济各部门及日常生活。

（2）**型钢**

根据断面形状，型钢分简单断面型钢和复杂断面型钢（异型钢）。前者指方钢、圆钢、扁钢、角钢、六角钢等；后者指工字钢、槽钢、钢轨、窗框钢、弯曲型钢等。

（3）**钢管**

钢管是一种具有空心截面，且其长度远大于直径或周长的钢材。钢管不仅可用于输送流体和粉状固体、交换热能、制造机械零件和容器，它还是一种经济钢材。用钢管制造建筑结构网架、支柱和机械支架，可以减轻重量，节省钢材 $20\%\sim40\%$，而且可实现工厂化机械化施工。

（4）**钢丝**

钢丝是用热轧盘条经冷拉制成的再加工产品，最大抗拉强度可达 3135MPa。

（5）**特殊类型钢材**

包括周期断面型材、车轮与轮毂及用轧制方法生产的齿轮、钢球、螺钉和丝杆等产品。

碳素结构钢、普通低合金钢、优质碳素钢等建筑常用钢材自有一套命名方法。例如碳素结构钢，按 GB/T 700—2006 规定的方法采用四个钢号（Q195、Q215、Q235、Q275），其钢号由 Q+数字+质量等级符号+脱氧方法符号组成。它的钢号冠以"Q"，代表钢材的屈服点，后面的数字表示屈服强度数值，单位是 MPa。例如 Q235 表示屈服强度（σ_s）为 235MPa 的碳素结构钢。必要时钢号后面可标出表示质量等级和脱氧方法的符号。质量等级符号分别为 A、B、C、D。脱氧方法符号遵循：F 表示沸腾钢；Z 表示镇静钢；TZ 表示特殊镇静钢。镇静钢可不标符号，即 Z 和 TZ 都可不标。专门用途的碳素钢，例如桥梁钢、船用钢等，基本上采用碳素结构钢的表示方法，但在钢号最后附加表示用途的字母。例如：

Q235-AF 表示碳素结构钢，屈服强度为 235MPa，A 级沸腾钢。

Q235-B 表示碳素结构钢，屈服强度为 235MPa，B 级镇静钢。

《钢结构设计标准》（GB 50017—2017）中推荐承重结构的钢材宜采用碳素结构钢中的 Q235，及低合金高强度结构钢中的 Q345、Q390 及 Q420 钢。

9.3.2 钢材性能的影响因素

钢材的性能受到组成、内部缺陷、热处理、钢材硬化、应力集中、残余应力、温度和疲劳等因素的影响。

9.3.2.1 组成

（1）碳

碳对钢材的强度、塑性、韧性和焊接性有决定性的影响。含碳量 $<0.25\%$ 的为低碳钢，含碳量为 $0.25\%\sim0.60\%$ 的为中碳钢，含碳量 $>0.60\%$ 的为高碳钢。

图 9.5 为钢材性能随碳含量的变化。其中 σ_b 为抗拉强度；α_{ku} 为冲击韧性；HBS 为硬度；δ 为伸长率；ψ 为面积减缩率。随着含碳量的增加，钢材的抗拉强度和屈服强度增加，塑性、冷弯性能和冲击韧性，特别是低温冲击韧性降低；当含碳量 $>0.3\%$ 时，焊接性大大变差。除此之外，随着含碳量增加，钢材的时效敏感性上升。

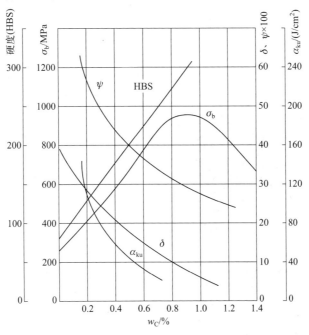

图 9.5 含碳量对钢材性能的影响

所谓时效处理，是指钢材经过冷加工后，在常温下存放 15～20 天，或加热至 100～200℃并保持 2 小时左右的处理方法。所谓时效敏感性，是指时效处理作用导致钢材性能改变的程度。一般，钢材的机械强度提高，而塑性和韧性降低。因此在钢结构中不宜采用含碳量高的钢材，建议一般不超过 0.22%。

（2）硅

硅元素的存在，能使钢中纯铁体晶粒细小和均匀分布，使熔融的钢水黏度降低、流动性增加，使成型后钢材强度提高，耐腐蚀性、疲劳极限和抗氧化性改善，而对钢的塑性、冷弯性能和冲击韧性及焊接性无显著不良影响。硅也是镇静钢的脱氧剂。但过量的硅会降低钢的塑性和冲击韧性，恶化钢材的抗腐蚀性和焊接性。

（3）锰

锰是低合金钢中的主要合金元素成分，适量可提高强度而不明显影响塑性。锰能消除硫的有害作用，同时可消除热脆和改善冷脆倾向。适量（含量不超过 0.2%时）锰可提高钢材强度、硬度、耐磨性、热加工性，而对塑性、韧性和可焊性无明显不良影响。锰和钒共同作用可提高钢材强度和焊缝性能，15MnV 钢可用于船舶、桥梁等荷载大的焊接结构以及高中压容器。

（4）硫

硫和铁化合成硫化铁，散布在纯铁中，当温度在 800～1200℃时熔化而使钢材出现裂纹，称为"热脆"现象，会使钢的焊接性变差。硫还能降低钢的塑性和冲击韧性，降低其疲劳强度、耐磨性和抗锈蚀能力。因此应严格控制钢材中的含硫量，不得超过 0.05%，16Mn 钢不超过 0.045%。

（5）磷

磷能使钢材在低温时韧性降低并容易产生脆性破坏，称为"冷脆"现象，高温时也会使钢的塑性变差。因此应严格控制钢材中的含磷量，一般不超过 0.045%，15MnV 钢不超过 0.040%。

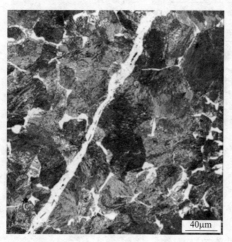
40μm

图 9.6　钢材的偏析

（6）氧

氧的有害作用与硫大体相同，氧会增加钢的脆性，并大大降低其可焊性。

9.3.2.2　内部缺陷

钢材中的内部缺陷包括偏析、气泡、夹层等。

钢材中各部分化学成分和非金属夹杂物的不均匀现象统称为偏析，如图 9.6 所示。钢材的冷却速度和过热度都会导致出现偏析。钢材冷却速度大，凝固速度也就大，容易导致偏析。钢材浇铸时过热度小则偏析小，组织较均匀。

钢材浇铸过程中，若黏度过高，容易裹入气泡。

钢材中的夹层是由于钢锭内留有气泡，有时气泡内含有非金属杂质夹渣，当轧制温度及压力不够时，不能使气泡压合，气泡被压扁延伸，由此形成夹层。钢材的轧制如图 9.7 所示。

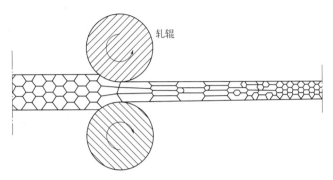

图 9.7　钢材的轧制

热轧可以破坏钢锭的铸造组织，细化钢材的晶粒，并消除显微组织的缺陷，从而使钢材组织密实，力学性能得到改善。这种改善主要体现在沿轧制方向上，从而使钢材在一定程度上不再是各向同性体。浇铸时形成的气泡、裂纹和疏松，也可在高温和压力作用下被焊合。

9.3.2.3　热处理

热处理是指钢材在固态下，通过加热、保温和冷却的手段，以获得预期组织和性能的一种热加工工艺。

钢材常用的热处理方法包括：

（1）淬火

快速降温。是将工件加热保温后，在水、油或其他无机、有机水溶液等淬冷介质中快速冷却。这种方法可以提高钢材强度、降低韧性。

（2）退火

炉中控制，缓慢降温。是将工件加热到适当温度，根据材料和工件尺寸采用不同的保温时间，然后进行缓慢冷却。经过退火的金相组织更平衡。

（3）回火

自然降温和控制降温相结合。为降低工件的脆性，将淬火后的工件在高于室温而低于 650℃的某一适当温度进行长时间的保温，再进行冷却。回火可使钢材脆性降低。

（4）正火

空气中自然降温。是将工件加热到适宜的温度后在空气中冷却。正火的效果同退火相似，只是得到的组织更细，常用于改善材料的切削性能，有时也用于一些要求不高的零件作为最终热处理。

9.3.2.4 钢材硬化

钢材的硬化包括冷作硬化和时效硬化，如图 9.8 所示。

金属材料在常温或再结晶温度以下的加工产生强烈的塑性变形，使晶格扭曲、畸变，晶粒产生剪切、滑移，晶粒被拉长，这些都会使表面层金属的硬度增加，减少表面层金属变形的塑性，这种现象称为冷作硬化。冷作硬化提高了钢材的弹性范围，被广泛用于提高承载力，但却使钢材变脆，牺牲了塑性，对于承受动力荷载的重要构件，不应使用经过冷作硬化的钢材。

钢材中 C 和 N 的化合物以固溶体的形式存在于纯铁的结晶体中，随着时间的延续逐渐析出，进入结晶群之间，对纯铁体的塑性变形起着遏制作用，使钢材的强度、屈服强度提高，塑性、韧性降低，这种现象称为时效硬化。

时效硬化可分为自然时效和人工时效两种。自然时效是将工件放在室外等自然条件下，使工件内部应力自然释放从而使残余应力消除或减少。人工时效是人为的方法，一般是通过加热或冰冷处理消除或减小淬火后工件内的微观应力、机械加工残余应力，防止变形及开裂。其方法是：将工件加热到一定温度（10％左右的塑性变形），长时间（5～20h）保温后随炉冷却，或在空气中冷却。它比自然时效节省时间，残余应力去除较为彻底，但相比自然时效应力释放不彻底。

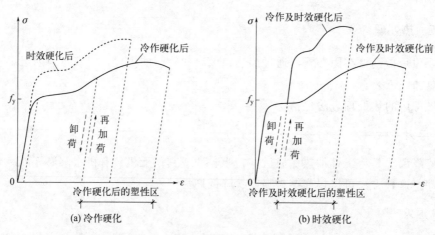

图 9.8　钢材的冷作硬化和时效硬化

9.3.2.5 应力集中

钢结构构件中存在的孔洞、槽口、凹角、裂缝、厚度变化、形状变化、内部缺陷等，使一些区域产生局部高峰应力，此谓应力集中现象。应力集中越严重，钢材塑性越差。

产生应力集中的外部原因有孔洞、槽口、凹角、裂缝、厚度变化、形状变化等，内部原因有内部缺陷、内结应力等。在进行钢结构设计时，应尽量使构件和连接节点的形状和构造合理，采取圆滑的过渡，防止截面的突然改变。在进行钢结构的焊接构造设计和施工时，应尽量减少焊接残余应力。

9.3.2.6 残余应力

由于加热或冷却不均匀，钢材膨胀或收缩不均匀，先加热或冷却部分与后加热或冷却部分相互牵制，从而在截面内形成自相平衡的内结应力，这种应力称为残余应力。残余应力对静载下的承载能力没有影响，但会使构件部分提前达到塑性，刚度下降，整体稳定承载力下降。

9.3.2.7 温度

在正温范围（室温以上）内，随着温度升高，一般来说钢材强度下降，塑性增大。温度超过300℃以后，屈服点和极限强度显著下降，达到600℃时强度几乎等于零。

某些钢材在200～300℃时会出现颜色发蓝而脆性增加的现象，这种现象称为蓝脆现象（blue brittleness）。在此温度区间强度达最大。蓝脆倾向较大的钢材应变时效倾向也较明显，钢中含氮量多使蓝脆倾向增大。在冲击载荷下钢的蓝脆温度区间会上升到450～500℃。

在负温范围，即当温度从常温下降时，钢材塑性、韧性降低，下降到某一温度时冲击韧性突然变得很低，发生脆性破坏，这种现象称为低温冷脆现象（brittleness under low temperature）。钢材由韧性状态向脆性状态转变的温度称为冷脆转变温度。

9.3.2.8 疲劳

钢材在持续反复荷载作用下，虽然其应力远低于强度极限，甚至还低于屈服极限，也会发生破坏，这种"积劳成疾"的现象称为钢材的疲劳。能够导致钢结构疲劳的荷载是动力的或循环性的活荷载，如桥式吊车对吊车梁的作用、车辆对桥梁的作用、海浪对海洋结构的作用、剧烈的地震使结构物反复摇摆等。当温度变化导致应力变化时，也会出现结构疲劳问题。一般来说，疲劳破坏会经历三个阶段：裂纹的形成、裂纹的缓慢扩展、裂纹的迅速断裂。而对于钢结构，实际上只有后两个阶段，因为在钢材生产和结构制造等过程中，不可避免地在结构的某些部位存在着局部微小缺陷，如钢材化学成分的偏析、夹层和裂纹等。当重复连续荷载作用于钢材时，在这些部位的截面上应力分布不均，引起应力集中现象，在高峰应力处将首先出现微观裂纹。同样，有严重应力集中的部位，如截面几何形状突然改变处，由于存在高峰应力，又经受多次重复作用的影响，故即使该处不存在缺陷，也会产生微观裂纹，形成裂纹源。

钢材在某一连续重复荷载作用下，经过 n 次循环后，出现疲劳破坏，相应的最大应力称为疲劳强度。在焊接构件中，焊接部位一般都有较大的焊接残余应力，包括残余拉应力，其峰值常可接近或达到钢材的屈服强度 f_y。当构件承受外部循环拉应力的作用时，焊缝处截面上的实际应力将是荷载引起的应力与其残余应力的叠加，其应力幅

$\Delta\sigma$ 与外荷载 σ_i 的应力幅相等，而 σ_i 的应力幅又决定于外部循环荷载，只要外部循环荷载已确定，外荷载 σ_i 的应力幅就不会改变。因此在焊缝位置的疲劳就是在等应力幅下不同应力水平的疲劳。残余压应力（负值）可以提高疲劳寿命，而残余拉应力（正值）减少疲劳寿命。从定性分析可知，当残余拉应力极大时，钢材内部在荷载作用下极易产生微裂纹，裂纹上的应力集中现象严重，截面削弱严重，疲劳断裂自然就容易发生。

应力循环次数是指在连续重复荷载作用下应力值由 σ_{max} 到 σ_{min} 的循环次数。在不同的应力幅 $\Delta\sigma = (\sigma_{max} - \sigma_{min})/2$ 作用下，各类构件及其连接部件产生疲劳破坏的应力循环次数不同。应力幅愈大，应力循环次数愈少，反之则愈多。当应力幅小于一定数值时，即使应力无限多次循环，亦不致产生疲劳破坏，即达到通称的疲劳极限。一般可将 $N = 5 \times 10^6$ 次视为各类构件和连接部件疲劳极限对应的应力循环次数。

疲劳条件下，钢材的选择首先要考虑钢材的化学成分，硫磷含量要得到很好的控制，否则钢材的疲劳强度很低，且容易发生脆断现象。同时氧氮含量也要有很好的控制。承受疲劳荷载的结构，内部类裂纹缺陷有可能发展成为裂纹并逐步扩展，如果材料的韧性不高，则裂纹扩展到一定程度即发生脆性断裂。采用韧性适当的材料排除脆断的危险，再通过疲劳计算就可以保证其使用寿命。GB 50017—2017 标准规定，需要验算疲劳的焊接结构的钢材，当工作温度高于 0℃ 时，其质量等级不应低于 B 级；当采用 Q235 钢而工作温度低于 0℃ 但高于 −20℃ 时，其质量等级不应低于 C 级。另外，要慎用厚板材，因硫常以层状形式存在于钢材内，厚板压缩比小，机械性能差，易发生层间撕裂，疲劳强度极低。在腐蚀环境中工作的构件，其选材时要注重钢材的耐腐性，但钢材的耐腐性都不强，一般都要通过其他防腐手段来保护钢材。

9.4 特种钢材——现代工业的重要保障

钢材的强度高，品质均一，有一定的弹性和塑性变形能力，并且能承受一定冲击和振动，适用于大多数有抗震要求的建筑结构。由于钢材可加工性好，可铸造性好，亦可通过切割、铆接或焊接进行连接，因此被广泛用于各种建筑结构中。我国香港的中银大厦就采用了 4 角 12 层高的巨型钢柱支撑，室内无一根柱子，利用立体支撑及各支撑平面内的钢柱和斜杆，将各楼层重力荷载传递至角柱，加大了楼层重力荷载作为抵抗倾覆力矩平衡重的力偶臂，从而提高了作为平衡重的有效性。位于北京的国家体育场鸟巢系钢筋混凝土框剪结构和弯扭构件钢结构，外部钢结构的钢材用量为 4.2 万吨，整个工程包括混凝土中的钢材、螺纹钢等，总用钢量达 11 万吨。除此之外，上海国贸大厦、金茂大厦、世界金融大厦、证券大厦、国际航运大厦、城市规划展示厅、浦东国际机场等建筑也大多采用钢结构或钢混结构。

传统钢材虽然有不少优点，但它强度有限，且强度与厚度、直径有关，若想获得高强度，必须增大厚度和直径，或从结构上进行改进，制造成本大大增加。并且传统钢材易受腐蚀，耐候性差，还存在低温脆性等缺点。法国巴黎的埃菲尔铁塔在过去的 130 多年里，共进行过 19 次除锈，每次平均要用掉 55t 油漆。1995 年，广州海印大桥钢索因锈蚀而突然断裂，尽管全桥共有 186 根斜拉索，其中一根断裂不至于引起桥梁整体结构的垮塌，但也是不可忽视的隐患，如图 9.9 所示。在日趋高要求的高层建筑、海工建筑和隧道建筑等应用场景中，传统钢材显然已经不能满足进一步的需求，特种钢材应运而生。

图 9.9　广州海印大桥钢索的锈蚀情况

1996 年 12 月修订的日本道路桥梁规范中，引入高性能钢（high-performance steel，HPS）的内容，其中包括：① 低焊接预热温度的厚钢板（$t \geqslant 50\mathrm{mm}$），780N 钢（HT780，屈服强度 $\geqslant 685\mathrm{MPa}$）；②不随厚度变化固定屈服点的钢材和超厚高强钢板；③高韧性和高耐寒性能钢；④高线能量输入焊接和抗层状撕裂钢；⑤耐候钢。

1994 年美国联邦公路局和美国海军及美国钢铁协会（AISI）联合，着手研发 HPS70W 级钢和 HPS50W 级钢，其化学组成和力学性能如表 9.2、表 9.3 所示。为了充分发挥 HPS70W 在可焊性方面的优势，其生产采用了淬火及回火或高温控轧技术。

表 9.2 是高性能钢与传统钢的化学组成对比，可见，高性能钢在含碳量、含磷量、含硫量方面控制得很严格，并增加了有益金属合金的含量。表 9.3 为高性能钢的力学性能，可见其屈服强度和抗拉极限强度以及耐低温性，均有大幅度提高。

到 2005 年，在美国 40 多个州的约 200 座桥梁中应用了 HPS，减轻了桥梁重量，降低了杆件高度，这些使用中的桥梁体现了良好的结构性能和经济性。例如，2000 年 7 月，宾夕法尼亚州交通部已经在开放交通的福特城桥中应用了 HPS70W。虽然高性能钢的材料费用和制作费用单价高于传统钢，但这种采用 HPS70W 的混合设计使钢的重量减少了 20%，从而保证了总体经济性。田纳西州的马丁河克里克湾大桥采用 HPS70W 后，全桥总重减少 24.2%，总造价降低 10.6%。

表 9.2　传统钢和 HPS 的化学组成对比表　　　　单位:%

钢种		C	Mn	P	S	Si	Cu	Ni	Cr	Mo	V
传统 70W	最小	—	0.80	—	—	0.25	0.20	—	0.40	—	0.02
	最大	0.19	1.35	0.035	0.04	0.65	0.40	0.50	0.70	—	0.10
HPS70W 和 HPS50W	最小	—	1.10	—	—	0.30	0.25	0.25	0.45	0.02	0.04
	最大	0.11	1.35	0.020	0.006	0.50	0.40	0.40	0.70	0.08	0.08

钢种		C	Mn	P	S	Si	Cu	Ni	Cr	Mo	V
ASTM A 1010	最小	—	—	—	—	—	—	—	10.5	—	—
	最大	0.03	1.50	0.04	0.03 (c)	1.00	—	1.50	12.5	—	—
传统 100W	最小	0.10	0.60			0.15	0.15	0.70	0.40	0.40	0.03
	最大	0.20	1.00	0.035	0.035	0.35	0.50	1.00	0.65	0.60	0.08
HPS100W Cu-Ni	最小	—	0.95	—	—	0.15	0.90	0.65	0.40	0.40	0.04
	最大	0.08	1.50	0.015	0.006	0.35	1.20	0.90	0.65	0.65	0.08

表 9.3 HPS 的力学性能

力学性能	厚 101mm 的 HPS50W	厚 101mm 的 HPS70W	厚 64mm 的 HPS100W
屈服强度（最小值）/MPa	345	485	690
抗拉极限强度/MPa	485	586~760	760~895
CVN48J（35ft.−lbs）要求的温度	−12℃	−23℃	−34℃

注：30ft.−lbs 为 41J。

下面介绍几种支撑未来国民经济的重要的高性能钢材。

（1）低合金高强结构钢

低合金高强结构钢是 20 世纪后半叶发展最为迅速的钢类。一般认为，凡是合金元素总量在 5% 以下，屈服强度在 275MPa 以上，具有良好的可焊性、成型性、耐蚀性、耐磨性，通常以板、带、型、管等钢材形式供用户直接使用，而不经过重新热加工、热处理及切削加工的结构钢种，都可称为低合金高强结构钢。

低合金高强结构钢是在含碳量 $w_C \leqslant 0.20\%$ 的碳素结构钢基础上，加入少量的合金元素发展起来的，韧性高于碳素结构钢，部分钢种还具有较低的脆性转变温度。此类钢中除含有一定量硅或锰基本元素外，还含有其他适合我国资源情况的元素，如钒（V）、铌（Nb）、钛（Ti）、铝（Al）、钼（Mo）、氮（N）和稀土（RE）等微量元素。低合金高强结构钢一般分为工程机械用钢、汽车用钢、锅炉用钢、铁道用钢、海洋结构用钢、造船用钢、管线用钢、航空用钢等。低合金高强结构钢具有强度高、低温冲击韧性良好、使用寿命长、应用范围较大及自身重量较轻而能够建造相同承载能力的结构等一系列优异的综合机械性能和显著的经济效益，被广泛用于海洋平台、船舶、高层建筑、桥梁、石油、压力容器和天然气输送管线等各种工业领域。

低合金高强结构钢的性能特点：①较高的强度、屈强比和足够的塑性、韧性及低温韧性。屈服强度一般在 300N/mm² 以上，比碳质量分数相同的碳素钢高 25%~150%；断后伸长率 $A = 15\% \sim 23\%$；室温冲击韧度 $\alpha_k \geqslant 60 \sim 80$J/mm²，−40℃时 $\alpha_k \geqslant 35$J/mm²。②良好的焊接性和冷、热塑性加工性能。由于碳质量分数低、合金元素少，低合金高强结构钢塑性好，不易在焊缝处出现淬火组织或裂纹。变形抗力小，压力加工后不易产生裂纹。③具有一定的耐蚀性能。由于 Al、Cr、Cu、P 等元素的作用，低合金高强结构钢比碳素结构钢具有更高的在各种大气条件下的耐蚀性能。

低合金高强结构钢按其主要性能和用途，可分为高强度用钢、低温用钢和耐蚀用钢三类。①高强度用钢：这类钢除高强度外还兼有优良的低温韧性。这类钢的产量在中国占低合金高强结构钢产量的 80% 以上，其中屈服强度 350~400MPa 级的钢种占大多数，应用最为广泛的是 16Mn 钢。②低温用钢：属于铁素体型低温用钢。通过提高钢的纯净度和降低钢中磷、硫含量得到较低的韧性-脆性转变温度。③耐蚀用钢：这类钢对大气、海水、硫化氢等环境有一定程度的抗蚀能力。

（2）耐火结构钢

钢结构作为现代建筑的重要结构形式，具有强度高、承载能力大、可靠性好、质量轻、施工便捷、节能环保和建筑造型美观等一系列优点。但是也存在一个较大的缺陷，即防火性差，这也引起了人们对高层钢结构建筑防火安全性的高度重视。钢材为非燃烧性材料，耐热但是不耐火，其耐火极限仅为 15min。一般认为，随着温度的升高，钢材的强度和刚度这两项力学性能指标会明显降低。当温度为 400℃时，其屈服强度降低 50%；温度为 600℃时，钢材基本丧失承载能力。

采用钢材制作的构件，如梁、柱、屋架等，若不加以保护或保护不力，在火灾中可能失去承载能力而引起整个建筑的倒塌，带来重大人员伤亡和经济损失，2001 年美国纽约世贸中心的"9·11"事件便是一例。为了避免此类灾难的发生，规范规定当各类建筑钢结构梁、柱的表面温度大于 150℃时，必须覆盖适当厚度的隔热保护层。但这种措施不仅会造成环境污染，增加建筑成本，而且也减少了建筑物的有效空间。因此，开发耐火结构用钢材是非常迫切的。

耐火结构钢顾名思义就是对火灾有一定抵抗能力的钢材，日本把耐火结构钢归属于焊接结构用轧制钢材一类，在我国它当属于建筑用低合金结构钢的范畴。耐火结构钢生产中通过加入铬（Cr）、钼（Mo）、铌（Nb）等元素合金化，使其能够在 350~600℃的高温下 1~3h 仍保持较高的强度水平，从而增加建筑物抵抗火灾的能力，提高建筑物的安全性。在建筑工程中应用耐火结构钢可缩短建造周期，减轻建筑物自重，增加建筑的安全性，降低建造成本，具有显著的经济效益和社会效益。

20 世纪 70 年代，欧洲的 Creusot-Loire 钢厂完成了能经受住 900~1000℃火灾温度的含 Mo 耐火结构钢的研究，但由于成本过高而未能推广应用。耐火结构钢的概念在 20 世纪 80 年代末由日本提出，1987 年日本建筑委员会颁布了"新火灾设计系统"，允许建筑物在不用耐火涂层的情况下，按照钢的高温屈服强度来确定钢的许用温度，使新材料和新设计在钢结构上的应用成为可能。此后，韩国等其他国家相继开发出了具有良好高温性能的耐火结构钢，其中日本耐火结构钢的研究开发工作尤其引人注目。日本研究者通过在钢中添加微量的 Cr、Mo 和 Nb 等合金元素，开发出了耐火温度为 600℃的建筑用耐火结构钢，该钢在 600℃的高温屈服强度保持在室温值的 2/3 以上。目前，耐火结构钢在日本、韩国及欧美国家已经得到了广泛的应用。

近年来，中国钢铁股份有限公司已在实验室及现场进行了耐火结构钢的开发研究，并且取得了较快的进展。中国宝武钢铁集团有限公司在耐候钢的基础上开发出 Mo 系耐火结构钢板；马鞍山钢铁股份有限公司也充分利用了其引进的万能轧机能力强、控制精度高的优势，采用微合金化结合控轧控冷技术开发出耐火 H 型钢，并在上海某大厦的建设中得到应用。武汉钢铁公司自主开发成功的高性能耐火耐候结构用钢 WGJ510C2钢，经试验证明具有良好的综合力学性能，能保证在 600℃高温下屈服强度不低于标准要求屈服强度的 2/3，耐火性能与日本的 FR 钢相当。

然而国内耐火结构钢的生产刚刚起步，存在如生产成本过高、部分性能不够稳定等问题。这需要社会各个群体的相互支持与合作，对耐火结构钢开展基础性研究工作，如耐火机理的研究、脆性转变特性的研究、微观组织结构的观察与分析、连续冷却转变曲线的测定与金相组织分析等。

（3）抗层状撕裂钢

层状撕裂是因焊接收缩应力作用在钢板厚度方向时，以钢中非金属夹杂物为起点而产生的与钢板轧制表面基本平行的裂纹，呈直线状或阶梯状，有的可蔓延贯通达几米长。由于这种裂纹修补非常困难，有时候不仅需要更换部件，有的甚至会发展成报废整个结构的重大事故，因此这种开裂现象已成为世界上人们久为关注的问题之一。

一般来讲，钢材的层状撕裂性能与焊接接头有关，在 T 形、角形或十字形接头的厚钢板多道焊接件中易发生层状撕裂。根据《高层民用建筑钢结构技术规程》（JGJ 99—2015）：在焊接连接的梁-柱节点范围内，当节点约束较强，板厚大于 40mm 且厚度方向承受拉应力时，应进行厚度方向的材料性能试验，以防止钢板层状撕裂。用于超高层建筑或特殊建筑的钢板，若有 Z 向性能要求，则钢板厚度规格范围还将扩大。对高层建筑、海洋结构和大型叠合梁等钢结构构件，在焊接部位因为板厚方向约束很大，焊接量又多，产生层状撕裂的风险很大。因此，对这类结构通常要采用具有抗层状撕裂性能的钢板建造，以保证构件的安全性。

抗层状撕裂性能钢板在国内有相当大的市场，并且经济效益相当可观。以前基本从国外进口，近年来，国产的抗层状撕裂钢板已用于国内的钢结构工程上。

（4）低屈服比结构用钢

出于建筑设计考虑，钢材除了要有高的强度外，其抗震性也日益受到重视，要求建筑物受到中等震级的震力后变形应在弹性极限内，震后不留下永久变形，因而所使用的钢材应有足够高的屈服强度。此外使用钢材在超过允许应力后，应具有足够的塑性变形能力而不致断裂，即有足够高的抗拉强度。因此，从防震、抗震考虑，建筑用钢不仅应有高的强度，还应有低的屈服比。

屈服比（YR）是钢材屈服强度与抗拉强度的比值，其大小反映了钢材塑性变形时不产生应变集中的能力。由结构分析理论可知，当长度为 L 的梁承受地震所产生的等梯度力矩 M 作用时，其在破坏前所能扩散的塑性应变区范围 L_p 为：

$$L_p = (1 - YR) \times L/2$$

由上式可见，YR 越低，钢材的塑性变形越能均匀地分布到较广的范围。由文献可知，低 YR 钢材制成的梁柱结构体系在地震力作用下，其塑性变形可以均匀地分布到较广的范围；而高 YR 的钢材，则可能会发生应变集中，降低钢材整体塑性变形的能力，从而导致结构的脆性破坏。因此，目前在设计上要求钢构件塑性应变区的扩散长度 L_p 大于梁的高度。由上式可得，YR 要＜0.8，这是目前抗震结构对所用钢材屈服比 YR 的要求。

低屈服比钢可降低材料在塑性变形时的应变集中，提高结构的抗震、抗冲击能力和安全性，激发其在建筑和桥梁结构上的使用潜力。

（5）狭屈服强度变异结构用钢

就钢结构中梁、柱构件的抗震能力而言，钢材的屈服比是影响其塑性变形能力的主要因素。但对于钢结构整体的抗震能力而言，还与在强震下结构发生塑性变形的节点数量和分布有关，整体结构中塑性变形的节点越多，则其在崩塌前所能承受的荷载及塑性变形的能力就越高。而结构在强震下发生塑性变形的节点数量，除了与设计有关（例如强柱弱梁型优于弱柱强梁型）外，还与所选用钢材屈服强度的变异性有关。如果屈服强度的变异大，则整体结构的塑性变形极易集中于屈服强度较低的梁、柱上，使得结构发生塑性变形的节点数量大幅度减少。

基于这些力学分析，国内外的钢铁企业一直在研究如何缩小钢材屈服强度的变异程度，目前较新的做法是采取动态控制的方式，即根据前制程如钢坯化学成分的实际高低，机动地调整后续的轧延和冷却制程，从而将最终产品的性能稳定地控制在狭窄的目标范围内。中国钢铁股份有限公司对热机械控制工艺（TMCP）制程的程控也采用了类似的动态控制方式，能根据钢坯合金含量的高低，由电子计算机来自动调整冷却制程。例如当碳含量偏高时，即用低冷速以缓和强度的增加；当碳含量偏低时，则用高冷速以补足强度。

（6）耐腐蚀钢材

目前按照产品服役条件及环境的不同，可以将耐腐蚀系列钢材大致分为三类：耐大气腐蚀钢材、耐海水腐蚀钢材以及耐硫酸露点腐蚀钢材。

① 耐大气腐蚀钢材：耐大气腐蚀钢又称耐候钢，属于低合金高强度钢之一。在钢中加入少量铜、磷、铬、镍等合金元素后，使钢铁材料在锈层和基体之间形成一层 $50 \sim 100 \mu m$ 厚的致密且与基体金属黏附性好的非晶态尖晶石型氧化物层，阻止了大气中氧和水向钢铁基体渗入，保护锈层下面的基体，减缓了锈蚀向钢铁材料纵深发展，从而大大提高了钢铁材料的耐大气腐蚀能力。

② 耐海水腐蚀钢材：海水中含有大量的以 NaCl 为主的盐类，海水中氯化物含量占总含盐量的 88.7%。因此，海水中金属表面难以保持稳定的钝态，易发生电化学腐蚀，极易发生劣化破坏。随着经济的迅速发展和科学技术水平的提高，我国的其他海洋开发事业有了突飞猛进的发展。由于技术越来越复杂，设备制造成本越来越高，人们希望使其使用寿命成倍提高，从而使耐海水腐蚀问题变得越来越重要，耐海水腐蚀钢材越来越受到人们的重视，用量逐年增加。

③ 耐硫酸露点腐蚀钢材：在冶金、电力、石化等工业领域中，对于以煤或重油为

主要燃料的烟气处理系统，当环境温度处于 $130\sim150℃$ 时，烟气中的硫酸出现露点，即硫酸在金属表面凝结并对金属表面产生腐蚀，即所谓的"硫酸露点腐蚀"。为解决这一问题开发出了耐硫酸露点腐蚀钢材，其应用对提高设备寿命、节约能耗资源具有重要的现实意义。

9.5 结语

　　一般意义上说，钢铁是传统的材料，钢铁的研制、生产以及性能的不断改善和应用领域的不断拓展，为工业社会的发展提供了坚实的物质基础和重要的材料保障。工业社会的发展已取得重要成果，目前正在向信息社会、智慧社会迈进，在这个过程中，大力研发高强钢材、超高强钢材、高性能钢材、超高性能钢材、抗疲劳钢材、抗层状撕裂钢材、耐火钢材、低屈服比钢材、狭屈服强度变异钢材和耐腐蚀钢材，并利用新能源和新技术实现钢铁材料的清洁化生产，以及利用新技术、新装备对废旧钢材进行精细化分类回收和高附加值再生利用，都是摆在我们面前非常紧迫的任务。

思考题

　　1. 为什么说"钢铁是城市发展的基石"？中国钢铁产业在国际上的地位如何？
　　2. 钢材是如何进行分类的？钢材中有哪些杂质元素，其中哪些是对钢材性能有益的元素，哪些是对钢材性能有害的元素？
　　3. 改善钢材耐腐蚀性和耐火性有何重大意义？请从材料组分和结构角度谈谈改善钢材耐腐蚀性和耐火性的措施。
　　4. 为何要开发研制特种钢材？现代工业、建筑业和国防事业需要哪些特种钢材？

第 10 章

建筑材料——现代城市的物质基础

10.1 智慧生态——现代城市的发展方向

10.1.1 城市的概念

地理学中，城市是指地处交通方便环境的且覆盖有一定面积的人群和房屋的密集结合体。

《城市规划基本术语标准》中，城市也叫城市聚落，是以非农业产业和非农业人口集聚形成的较大居民点。

辞源中，人口较稠密、工业发达的地区称为城市。

10.1.2 城市等级划分

2014 年 10 月 29 日，国务院印发《关于调整城市规模划分标准的通知》（国发 2014 第 51 号文件），规定按城区常住人口数量，将城市划分为五类七档：

① 超大城市：城区常住人口大于等于 1000 万。

② 特大城市：城区常住人口大于等于 500 万，小于 1000 万。

③ 大城市：城区常住人口大于等于 100 万，小于 500 万。其中大于等于 300 万，小于 500 万的城市为 I 型大城市；大于等于 100 万，小于 300 万的城市为 II 型大城市。

④ 中等城市：城区常住人口大于等于 50 万，小于 100 万。

⑤ 小城市：城区常住人口小于 50 万。其中大于等于 20 万，小于 50 万的城市为 I 型小城市；小于 20 万的城市为 II 型小城市。

城区是指在市辖区和不设区的市，区、市政府驻地的实际建设连接到的居民委员会所辖区域和其他区域。常住人口包括居住在本乡镇街道，且户口在本乡镇街道或户口待定的人；居住在本乡镇街道，且离开户口登记地所在的乡镇街道半年以上的人；户口在本乡镇街道，且外出不满半年或在境外工作学习的人。

可见，在中国，上海、北京、成都和南京属于超大城市，而许多县级市属于小城市。

遍布于我国各地区的县城、建制镇、工矿区，虽然人口未能达到设市建制的标准，但由于非农业人口比重较大，工商业比较集中，也属于城市范畴的一种城镇型居民点。

城市或城镇虽然规模区别很大，但由于人口聚集程度高，都需包含必要的要素，以满足人的吃、穿、住、行、工作、娱乐、学习和医疗等基本需求，这就需要建设与人口和当时生活水平相适应的建筑物，以及道路、桥梁、电力等基础设施。因此，城市的基本要素主要有住宅区、工业区、商业区、街道、医院、学校、公共绿地、写字楼、广场和公园等。

10.1.3 超快的城市化进程与随之而来的问题

当前，我国城市化进程正在加快。改革开放以来，尤其是 1992 年邓小平南方谈话后，我国现代化、工业化和城市化突飞猛进，成绩显著。1978～2021 年，中国城镇化率由 17.9％提高到 64.72％，平均每年增长约 1 个百分点，城镇化速度举世瞩目。但伴随着城镇化进程的推进，住房紧张，交通拥挤，基础设施配套明显不足，已经暴露出严重的"城市病"，需要及时解决。就拿上海市来说，当前紧要的任务是要么严格控制上海人口，要么加大基础设施建设，有效"治疗""城市病"。表 10.1 为上海自新中国成立以来的人口增长统计及今后人口增长的预测情况。

表 10.1　上海市人口发展情况

年份	人口	增长率	发展
2030	30751000	0.87％	1309000
2025	29442000	1.64％	2305000
2020	27137000	2.38％	1249000
2018	25888000	2.93％	2147000
2015	23741000	3.51％	3761000
2010	19980000	3.57％	3217000
2005	16763000	3.73％	2804000
2000	13959000	5.96％	3509000
1995	10450000	5.96％	2627000
1990	7823000	2.70％	976000
1985	6847000	2.79％	881000
1980	5966000	1.18％	339000
1975	5627000	−1.39％	−409000
1970	6036000	−1.25％	−392000
1965	6428000	−1.18％	−392000
1960	6820000	3.13％	974000
1955	5846000	6.33％	1545000
1950	4301000	0.00％	0

实际上，有效"治疗""城市病"，单靠控制城市人口数量和控制城市人口增长速度是不够的。国家现代化建设和工业化发展势必伴随城镇化率的大幅提升，也就是城市人口增加，在有限的城市面积上，单纯靠建筑物和基础设施数量的增加，是不节资、不节

能、不生态、不减碳和不可持续的发展。必须在不断持续的城市化进程中，创建绿色城市，甚至智慧生态城市。

10.1.4　从绿色城市向智慧生态城市迈进

随着城镇化的快速推进和城市规模的急剧扩张，城市发展均不同程度面临人口聚集、交通拥堵、资源短缺、环境恶化、管理低效、风险加大等方面的压力。学者们普遍认为，只有绿色城市建设，甚至智慧生态城市的理念与技术，才能有助于解决上述"城市病"。所以，在绿色城市建设概念提出后不久，智慧生态城市就很快成为城市科学研究领域的热点。

智慧生态城市概念有狭义和广义之别。狭义层面的智慧生态城市，是运用移动互联网、云计算、物联网、大数据、人工智能等信息技术，来提升城市规划、建设、管理和服务的智慧化水平和生态化水平，更高效地满足城市生产生活的各种需求，并以"双碳"目标的实现为己任，努力"减碳"，为"碳达峰"和"碳中和"目标的实现尽一切力量。广义层面的智慧生态城市，更加强调城市发展的新理念和新模式，代表了未来城市发展的高级形态（智慧和生态）。

智慧生态城市表现为城市各组成部分及整体运行都是建立在"智慧和生态"基础上的，城市功能的各个方面，例如人居环境、基础设施、公共服务、现代产业体系和城市管理等，都将向着数字化、网络化、智能化、生态化和低碳化的方向变革。在可预见的技术条件下，智慧生态城市建设的主要内容包括以下七个方面。

① 网络设施宽带化。宽带网络是经济社会发展的战略性公共基础设施，对拉动有效投资和促进信息消费、推进发展方式转变具有重要支撑作用。从全球范围看，宽带网络正推动新一轮信息化发展浪潮，众多国家纷纷将发展宽带网络作为信息化战略的优先行动领域。

② 基础设施智能化。基础设施智能化是为城市运行和居民生活提供智慧公共服务的工程设施，是用于保证智慧城市经济社会活动正常进行的不同于传统公共服务系统的智能系统，是智慧城市赖以发展的基础条件。基础设施智能化主要包括交通、电力、供水、污水排放、供暖、燃气、照明、管线等的智能化改造。

③ 规划管理信息化。规划管理信息化是指利用信息化手段对城市规划和运行进行监测、模拟和优化。通过多元数据叠加和城市增长模拟，能够实现多要素集成、多规合一，为城市发展规划制定和运行管理提供决策支持。

④ 公共服务便捷化。公共服务便捷化是指通过信息化手段为公众提供更加方便、快捷、高效的医疗、教育等基本公共服务。城市的聚集经济模式有利于公共资源的共享共用，智慧城市能够通过促进共享来分担城市公共服务成本，最大程度实现公共服务的规模效益。

⑤ 产业发展现代化。工业互联网、智能制造、电子商务等能有力推进企业生产流程整合，提高产品生产效率和产品竞争力，有效匹配供需关系，实现全产业的"智慧＋"发展，推动建立信息化条件下的现代产业体系。一些有条件的城市将在智慧产业发展中成为新一代信息技术的供应者。

⑥ 规划、建设、产业和生活生态化及低碳化。城市规划、建筑物和基础设施建设、各种服务业和轻重工业以及居民生活（包括吃、穿、住、行和娱乐等）活动，时刻以生态发展、减灾防灾、环境保护和减少二氧化碳排放为准则，倡导安全、生态、低碳理念深入人心，安全、生态、低碳行为贯穿每人每天的生活，城市中每个个体都是生态化和低碳化的倡导者、执行者和行为监督者。

⑦ 社会治理精细化。利用新一代信息技术对社会进行治理，形成共建共治共享的社会治理格局，提高社会治理社会化、法治化、智能化、生态化、低碳化、专业化水平。智慧城市能够有效解决城镇化快速推进和城市规模急剧扩张引发的各种问题，极大提升城市治理能力。

智慧生态城市是现代城市发展的目标。智慧生态城市建设的要素包括：绿色建材、绿色能源；信息通信基础设施；信息应用基础系统；智能建筑；智慧产业。

绿色建材是智慧生态城市建设的物质基础之一。

10.2 绿色建材

为实现智慧化和生态化、低碳化总体发展目标，现代城市建筑和基础设施除了要更高大、更复杂和更美观外，还要向更节能、更智慧、更安全和可循环再生利用的方向发展。

建筑材料产业是国家经济发展中非常重要的生产型产业，也是过去一直依托天然能源、容易造成环境污染的产业之一。针对这种情况，绿色建材、环保建材、生态建材、低碳建材的概念应运而生，成为绿色建筑和智慧生态建筑物建设的首选材料。

绿色建材又叫环保建材、生态建材、低碳建材，还有人称为可持续发展建材或生态环境建材等。绿色建材是指虽然原材料为天然材料，但生产过程中耗能低、污染少，施工和使用过程中对环境和人体无害的建材；或以人类在生活、生产中产生的大量废弃物为原材料，采用更加干净便捷的生产技术，生产出的无污染、无放射性、有利于环境保护和人体健康，并且能够提高人类生活质量的建筑材料。绿色建材也应该是达到服役寿命后，可循环和再生利用的建材。

绿色建材需满足可持续发展的需要，做到发展与环境的和谐统一，既满足当代人的生活需求，又不损害子孙后代对于自然环境的向往。目前室内设计中对于人居环境的可持续发展主要体现在，以绿色建材营造健康、舒适、美观、安全的室内环境，造福于社会，满足于人类。因此绿色建材与传统建材相比具有以下五个方面的特征：

① 采用较低能量消耗的生产工艺和不污染环境的生产技术。

② 生产原材料多使用生产生活的废弃物。

③ 具有更多功能选择，如保温、隔热、吸声、隔声、抗菌、防腐、防火等。

④ 可循环或回收再利用，产生的废弃物不污染环境。

⑤ 生命周期中碳排放量低。

10.2.1　更高大的建筑对建筑材料的需求

当前，由于建设用地限制，建筑物越来越高。高大建筑对建筑材料品种和性能的要求，与普通建筑有区别。单从主要的建筑材料混凝土来说，超高层建筑的建设需要流动性好，且高强、高耐久性的混凝土——高强混凝土（抗压强度等级≥C60）、超高强混凝土（抗压强度等级≥C80）、高性能混凝土（大流动性，高强和/或高耐久性），甚至超高性能混凝土（抗压强度等级≥C120），如图10.1和表10.2所示。

图 10.1　大流动性高强混凝土

表 10.2　超高性能混凝土、大流动性高强混凝土与普通混凝土性能的对比

性能	普通混凝土	大流动性高强混凝土	超高性能混凝土
坍落度/cm	12～18	18～22	18～26
水胶比（W/B）	0.52	0.32	0.15～0.20
28d 抗压强度/MPa	38.5	75.6	120～220
28d 抗折强度/MPa	3.8	5.0	15～40
28d 抗拉强度/MPa	1.5	2.6	5.0～12.5
电通量/C	3200	470	50～200
碳化深度/mm	8	2	0

10.2.2　更复杂的建筑对建筑材料的需求

（1）自密实混凝土

自密实混凝土是指在自身重力作用下能够流动、密实，在不借助振动工具或稍加振动时即可填充整个模具，且获得很好均质性的混凝土。浇筑自密实混凝土时，其能顺利地穿过模板内致密的钢筋，且不产生离析、泌水或分层。采用自密实混凝土进行建造，可大幅度降低振动噪声和振动能耗，改善工人工作环境，并且保证工程质量。

早在20世纪70年代早期，欧洲就已经开始研究和应用只需轻微振动即可浇筑密实的流动性混凝土，但是直到20世纪80年代后期，自密实混凝土才在日本发展起来。面对熟练技术工人逐渐减少的窘境和混凝土结构耐久性日益提高的需求，日本发展了自密实混凝土。欧洲在 20 世纪 90 年代中期才将自密实混凝土第一次用于瑞典的交通网络民用工程上，随后自密实混凝土在整个欧洲的应用量逐渐增加。

自密实混凝土具有较高的流动性、较好的黏聚性以及自如的填充性，在自身重力作用下不需要人工进行操作即可自动填充到形状复杂的模板内任何角落，且填充后水化产物密实堆积。另外，自密实混凝土还具有很好的力学性能和耐久性，在缩短建筑工期、控制总质量、提高建筑物结构性能和耐久性、保障使用寿命方面具有明显的优势，加之在施工过程中噪声小，有利于保护环境和工人健康，是一种环境友好型材料，如图 10.2 所示。

图 10.2　自密实混凝土的施工无需振动

自密实混凝土的制备方法为：合理选择粗细骨料和胶凝材料等颗粒、粉体材料，通过紧密堆积设计，并在其中掺杂适量的外加剂（高效减水剂和黏度改性剂等），得到最佳的配合比，加水搅拌后，所得拌合物流动性好、黏聚性优。骨料悬浮于胶凝材料浆体中，避免出现泌水或离析情况；浇筑时在模板中的拌合物依赖自身重力流动、填充和密实。这种拌合物除了具有较好的流动性外，抗离析性、填充性和间隙通过性都比较好。评价自密实混凝土的工作性比较困难，常用的方法有 U 形箱、L 形箱、填充箱试验和 J 环试验等。自密实混凝土应利用这些试验方法合理设计混凝土配合比并加强现场质量检验，与此同时，还应注意一次使用两种以上的方法评价自密实混凝土的稳定性、流动性及间隙通过力。表 10.3 为普通混凝土和自密实混凝土的基本性能，图 10.3 为用于自密实混凝土钢筋透过性测试的 J 环。

表 10.3　普通混凝土和自密实混凝土的基本性能

性能	普通混凝土	自密实混凝土
水胶比（W/B）	0.52	0.35
坍落度/cm	12～18	26～28
坍扩度/cm	350	600～750
黏聚性	一般	良好
泌水率/%	3.6	0
28d 抗压强度/MPa	38.5	56.7

性能	普通混凝土	自密实混凝土
电通量/C	3200	580
碳化深度/mm	8	3

图 10.3　自密实混凝土性能测试用 J 环

（2）3D 打印混凝土技术

3D 打印混凝土技术是在 3D 打印技术基础上发展起来的应用于混凝土施工的新技术，其主要工作原理是将配制好的混凝土拌合物通过挤出装置，在三维软件的控制下，按照预先设置好的打印程序，由喷嘴挤出进行打印，最终得到设计的混凝土构件。3D 打印的技术原理如图 10.4 所示，图 10.5 为 3D 打印混凝土示意图。3D 打印混凝土施工技术快速、灵活，非常适合复杂多变的构件和建筑物，在 2020~2022 年我国抗击新型冠状病毒感染疫情的战役中，3D 打印混凝土建筑也发挥了一定的作用。

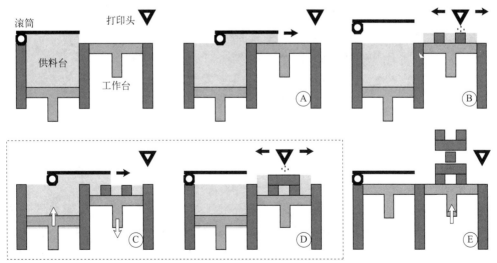

图 10.4　3D 打印技术原理

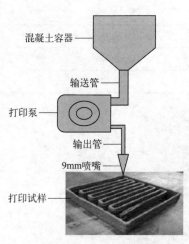

混凝土容器

输送管

打印泵

输出管

9mm喷嘴

打印试样

图 10.5　3D 打印混凝土

3D 打印混凝土技术在打印过程中，无需传统混凝土成型过程中的支模过程，是一种最新的混凝土无模成型技术。2012 年，英国拉夫堡大学的研究者研发出混凝土 3D 打印技术，3D 打印机械在计算机软件的控制下，使用具有高度可控挤压性的混凝土拌合物，完成精确定位混凝土面板和墙体中孔洞的打印，实现了超复杂的大尺寸建筑构件的设计制作，为外形独特的混凝土建筑打开了一扇大门。

对于新拌的混凝土拌合物，为满足 3D 打印的要求，必须达到特定的性能要求。首先是可挤出性，在 3D 打印混凝土技术中，混凝土拌合物通过挤出装置前端的喷嘴挤出进行打印，因此配制混凝土的骨料颗粒大小要由喷嘴口的大小决定，并需严格控制，杜绝大颗粒骨料的出现，避免打印过程中出现堵塞，以保证拌合物顺利挤出。其次，混凝土拌合物要具有较好的黏聚性，一方面，较好的黏聚性可以保证混凝土在通过喷嘴挤出的过程中，不会因拌合物自身性能的原因出现间断，避免打印遗漏；另一方面，3D 打印是通过层层累加而得到最终的产品，因此，层与层之间的结合属于 3D 打印混凝土构件的薄弱环节，是影响硬化性能的重要因素，而较好的黏聚性可以在最大程度上削弱打印层负面的影响。最后，可挤出性和黏聚性虽然可以保证前期的打印和硬化后的性能，但却难以保证打印的全程可以顺利进行，因此在 3D 混凝土打印的过程中，必须要求已打印完成的部分保持良好状态，不致出现坍塌、倾斜而影响打印构件外形，甚至造成构件完全报废的情况。3D 打印混凝土打印效果如图 10.6 所示。一旦出现这些情况，打印施工将被迫中断，而且拆除、返工的代价十分高昂。因此，3D 打印施工对混凝土拌合物的可建造性提出了非常高的要求。

3D 打印施工技术的基本原理是利用 3D 打印技术建造房屋。与利用其他种类材料进行 3D 打印不同的是，3D 打印施工技术需要一个巨型的三维挤出机械，并且它挤出的是混凝土拌合物，通过与计算机相连接而将设计蓝图变成实物。虽然在概念上设计起来很简单，但实际上实施起来相当复杂，要解决的技术问题非常多。

与传统施工技术建造的建筑相比，3D 打印混凝土施工建造的建筑的优势体现在以下几个方面：①速度快（比传统建筑技术快 10 倍以上）；②不需要使用模板；③可以大幅节约成本；④低碳、绿色、环保；⑤不需要数量庞大的建筑工人；⑥大大提高生产效率；⑦可以非常容易地打印出其他施工方式很难建造的高成本曲面建筑（如图 10.7）；⑧可以打印出强度更高、质量更轻的混凝土建筑物；⑨可能改变建筑业的发展方向，会更多地采用装配式建筑。

3D 打印施工技术给建筑行业、商品混凝土行业、环保行业带来的改变是显而易见的。当前，在全世界环境污染日益严重的情况下，发展环保型产业是各国可持续发展的必然要求，3D 打印施工技术所带来的不仅是一场技术革命，更是一场环保革命。执行可持续发展战略是 21 世纪世界各国的重要任务，我国国民经济和社会发展"九五"计划在将建筑业和建材工业列为支柱产业的同时指出，"建材工业应以调整结构、节能、

图 10.6　3D 打印混凝土打印效果　　　　图 10.7　大型 3D 打印机打印的曲面建筑物

节地、节水、减少污染为重点，大力增加优质产品，发展商品混凝土，积极利用工业废渣，走可持续发展的道路"。显然，如果我国的水泥行业按照现在的速度生产和发展下去，不仅会消耗大量的资源和能源，而且将给整个地球的环境增加不可想象的负担，这与走可持续发展的道路是严重相悖的。3D 打印施工技术不仅可以更有效地利用固体废弃物作为混凝土的原材料，大大减少水泥用量，还能够大幅度提高建筑物服役寿命，此举无疑又大大减少了建筑固体废物的产生，减少了重复建设。

2019 年 1 月 12 日，由清华大学（建筑学院）-中南置地数字建筑联合研究中心设计研发，与上海智慧湾投资管理有限公司共同建造的 3D 打印混凝土步行桥在上海落成，如图 10.8 所示。这座桥采用了三维实体建模，桥栏板形似飘带，与桥拱一起构筑出轻盈优雅的体态，横卧在上海智慧湾池塘上。桥面板上是珊瑚纹路，珊瑚纹之间的空隙填充细石子，形成园林式的路面。整体桥梁工程用了两台机器臂 3D 打印系统，共用 450 小时打印完成全部混凝土构件。桥体由桥拱结构、桥栏板、桥面板三部分组成，桥拱结构分为 44 块，桥栏板分为 68 块，桥面板共 64 块，均通过打印制成。这些构件的打印材料均为聚乙烯纤维混凝土添加多种外加剂组成的复合材料，具有可控的流变性，可满足打印需求。但该桥的造价只有普通桥梁造价的三分之二。

图 10.8　3D 打印混凝土步行桥（上海）

这座步行桥运用了我国自主开发的混凝土 3D 打印系统技术，该系统由数字建筑设计、打印路径生成、操作控制系统等创新技术集成，具有工作稳定性好、打印效率高、成型精度高、可连续工作等特点。桥体上安装了实时监测系统，可即时收集桥梁受力及变形状态数据，对于跟踪研究新型混凝土材料性能以及打印构件的结构力学性能有实际作用。

2019 年 10 月 13 日，装配式混凝土 3D 打印赵州桥落成典礼在河北工业大学北辰校区举行。赵州桥建成距今已有 1400 多年的历史，作为我国桥梁建筑史上的一颗璀璨明珠，它也是科学文化和传统技术的载体。在新中国成立 70 周年之际，河北工业大学以赵州桥为原型建造这样一座 3D 打印桥梁，是建造科技的传承和弘扬，也是对河北传统文化的认同和回归，如图 10.9 所示。

图 10.9　混凝土 3D 打印赵州桥（天津）

10.2.3　更美观的建筑对建筑材料的需求

当前，城市建设对建筑物墙体、屋顶以及门、窗的造型要求多样化，美化了城市。更美观的建筑对建筑材料的要求已经不再局限于技术性能了，而是要从颜色、质感和纹理，以及透光性、发光性等方面去充分体现。

木纹装饰混凝土的材料为水泥混凝土，但表面要求表现出木纹的装饰效果。这种混凝土构件的浇筑需要两层模板，外层模板与普通混凝土施工并无二致，而内层模板则为电脑雕刻过的木板。浇筑于内模板内的混凝土与内模板的内表面贴合，等混凝土凝结、硬化并达到一定强度，拆模后，混凝土表面呈现木模板内表面雕刻出的木纹。由于木模板本身带有木节的光硬质感，故此处的混凝土也像木结一样。浙江乌镇景区著名的木心博物馆的建造，就采用了木纹装饰混凝土，效果逼真，艺术感极强（如图 10.10）。

混凝土表面同样可以做浮雕、做图案，这是利用混凝土缓凝转印工艺。混凝土缓凝转印工艺，理论上就是利用混凝土表面缓凝剂的作用，使图案部分迟于周边部分凝结，脱模后用水冲掉未凝结的水泥浆体，露出装饰骨材，从而产生对比效果。缓凝转印工艺的关键在于转印膜，膜的好坏决定了产品的格调，如图 10.11 所示。

图 10.10　木心博物馆外墙

图 10.11　利用缓凝转印工艺制作的具有精美图案的混凝土表面

　　透光混凝土是近年来深受消费者喜爱的一种装饰混凝土，是通过在混凝土中埋设大量的光学纤维制成。透光混凝土可做成预制砖或预制墙板，也可在工程现场浇筑，离这种混凝土最近的物体可在墙板上显示出阴影。亮侧的阴影以鲜明的轮廓出现在暗侧上，颜色也保持不变。用透光混凝土做成的混凝土墙就好像是一幅银幕或一个扫描器，这种特殊效果使人觉得混凝土墙的厚度和重量都消失了。混凝土能够透光的原因是混凝土两个平面之间的光学纤维是以矩阵的方式平行放置的。另外，由于光学纤维占的体积很小，混凝土的力学性能基本不受影响，完全可以用来承重，因此承重结构也能采用这种透光混凝土。

　　透光混凝土根据光学纤维的排布，可做成不同的纹理和色彩，在灯光下达到千变万化的艺术效果。当前，透光混凝土已被用于建筑墙体、园林小品、装饰板材、装饰砌块、曲面波浪形桌椅等，为建筑师的艺术想象与创作提供了范围广阔的可能性。

　　通过设计、模板的处理、混凝土的改性，可以让建筑物上的混凝土实现更大的艺术价值。除了装饰混凝土外，建筑中常用的还有影像装饰混凝土、造型衬模装饰混凝土（如图 10.12）、镜面装饰混凝土、彩色装饰混凝土、清水混凝土以及各种混凝土景观制品等。

图 10.12　造型衬模装饰混凝土及其艺术效果

10.2.4　更节能的建筑对建筑材料的需求

建筑节能是指在建筑中综合利用能源并做好保温隔热措施,有效提高能源的利用效率。

传统建筑材料对自然资源的消耗是一个非常严重的问题,此外在传统建筑材料生产的过程当中也会对环境造成一定的恶化影响。过去在进行建筑建设和家具制作的过程当中对木材的需求量非常大,因此造成大量树木被砍伐。一方面对自然资源造成严重的消耗;另一方面对树木的过度砍伐导致环境被破坏,使得沙尘暴等自然危害频频发生。在传统建筑材料工程当中,对黏土砖的应用也较为广泛,而黏土砖的原材料为黏土,主要来源于耕地。随着建筑产业的不断扩大,对于黏土砖的需求量大增,相应地,对耕地造成了极大的破坏。另外在烧制黏土砖的过程当中会产生大量的废气和粉尘,废气对工厂周围的空气质量造成极大的影响,而粉尘对工厂周围的农作物生产造成重大影响。可以说,传统建筑材料对于人们生产生活有着非常严重的影响,这就要求开发生产新型环保节能型建筑材料。

相比于传统建筑材料,绿色环保节能型建筑材料能够对天然原材料和能源进行有效利用,资源化利用固体废弃物,并降低生产污染和能耗,帮助建筑物做到节能、环保、绿色。同时相比于传统建筑材料,绿色环保节能型建筑材料在生产过程当中对于天然资源和天然能源的需求非常少,从而能够有效避免资源和能源的大量消耗,实现对生态环境的保护作用。另外,绿色环保节能型建筑材料的生产主张利用绿色能源,加之利废、降污染、降碳排放,因而可切实提升对周边环境的保护。比如,当前大量生产、应用的掺粉煤灰混凝土、掺矿渣粉混凝土以及粉煤灰和矿渣粉双掺混凝土,均可将二氧化碳排放量降低 20% 以上。

研究发现,建筑物墙体保温性能的高低取决于建筑外部的围护结构以及建筑节能措施。其原因在于,在建筑结构中热量传递的路线是从温度高的一侧向温度较低的一侧传递,而建筑墙体的作用是将这个温度传递的过程进行放缓,从而实现了建筑物内部温度的保存。此外,在建筑的室内温度低于某一温度值时,室外的温度会向室内传递,从而保持室内温度的基本稳定。

建筑墙体分为内墙面和外墙面两种。外墙面与室外直接接触，室外的温度、湿度等环境变化都会对室内的温度造成一定程度的影响，从而间接影响室内居住的舒适度。因此，在建筑结构设计阶段，需要对建筑外墙面的保温体系进行重点设计，提高外墙面的保温性能，并加强对外墙面的定期维护保养，对出现的裂缝进行修补。保温材料一般都使用热量传递相对较慢的材料，例如泡沫玻璃、泡沫陶瓷、发泡聚苯板、发泡聚氨酯板、轻质保温砂浆、发泡混凝土等，甚至气凝胶复合材料、真空保温板等。因此，在进行建筑物保温性能设计时，需要对建筑物的热量散失速率进行计算，选择适宜的保温材料。此外，保温材料热存储量的大小除了与材料保温性能有关以外，还与材料的重量有一定的关系，如混凝土、砖等材料的热存储量就相对较大。

建筑外墙保温有四种体系，即自保温体系、内保温体系、中保温体系和外保温体系，如图 10.13 所示。

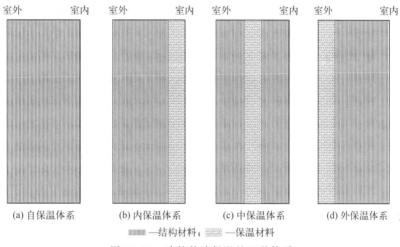

| (a) 自保温体系 | (b) 内保温体系 | (c) 中保温体系 | (d) 外保温体系 |

‖‖‖—结构材料；▨▨▨—保温材料

图 10.13　建筑外墙保温的四种体系

（1）外墙自保温体系

建筑结构的外墙自保温主要是依靠单一的墙体材料（或梯度墙体材料）来实现建筑保温的需求，保温材料主要是建筑墙体［见图 10.13（a）］。根据工程施工经验可知，现阶段，我国应用的自保温墙体材料主要涉及下面几种类型：复合墙板、蒸压砖、混凝土多孔砖、烧结多孔砖、混凝土砌块等。自保温材料密度较其他材料小，其密度为普通实心黏土砖的 0.2～0.3 倍，并且具有较好的耐火性能，保温隔热性能较好。但是外墙自保温体系与 65% 的节能目标还存在一定的差距，需要与其他的保温材料配合使用。

（2）外墙内保温体系

在建筑结构的保温体系类型中，外墙内保温体系主要开始于 20 世纪 80 年代初期。该种类型的保温体系主要是将保温材料设置在墙体的内侧，如图 10.13（b）所示。一般用到的材料主要有岩棉板、膨胀聚苯乙烯板、轻质无机颗粒保温砂浆板、保温砂浆和保温石膏板等。而应用相对较多的施工方法是在墙体内侧涂抹保温砂浆和粘贴保温板。该种类型的保温体系施工便捷、施工成本较低，但是对于结构柱、楼板以及隔墙等结构部位无法采取保温措施，比较容易产生冷桥和热桥，甚至会在内部产生结露现象，从而导致墙体变得潮湿，影响保温性，引起发霉等问题。同时，采用外墙内保温体系会减小用户的实际使用面积，影响用户进行二次装修（往往会造成保温层的破坏，降低保温层的实际使用年限）。

（3）外墙中保温体系

所谓外墙中保温，就是保温层处于外墙内部，形成内页墙＋保温层＋外页墙的组合，如图 10.13（c）所示。外墙中保温体系的保温材料可以是浇筑材料，如发泡混凝土、轻质骨料保温砂浆、发泡聚氨酯等；也可以是填充的定型材料，如膨胀聚苯板、挤塑板和发泡聚氨酯板等。

（4）外墙外保温体系

外墙外保温体系［见图 10.13（d）］主要是在墙体基层的外侧粘贴或钉上膨胀聚苯板、发泡聚氨酯板、发泡玻璃板、发泡陶瓷板、发泡混凝土板，或者直接涂抹轻质骨料保温砂浆、发泡混凝土，或者是直接喷涂发泡聚氨酯等，最后再在保温层外面涂抹罩面砂浆或抗裂砂浆（常附有玻璃纤维网格布或钢丝网，以及锚栓，以确保与外墙基层连接良好和预防罩面砂浆和抗裂砂浆开裂），如图 10.14 所示。外墙外保温体系是目前建筑物保温节能普遍采取的一种形式，其具有良好的保温隔热性能，能够有效阻断冷、热桥，而且保温层置于外墙外侧，不占用室内使用面积。但外墙外保温体系也有致命的缺点：一是若保温材料阻燃性不佳，很容易引发火灾；二是保温层材料往往容易吸潮、吸水，含水率增加后其导热系数大幅增加，保温效果将变差，更有甚者，由于保温层吸水，重量增加，很容易从墙体脱落。还需再提醒的是，这几年不断出现外墙外保温体系的保温层因台风负压、吸水增重和锚栓老化等而脱落伤及人民财产和生命安全的恶性事件，必须引起有关管理部门高度重视。

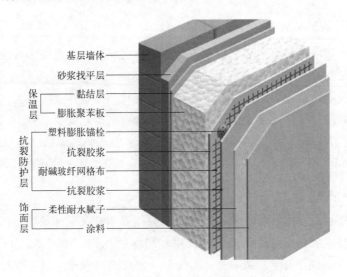

图 10.14　膨胀聚苯板外墙外保温体系

轻质骨料保温砂浆作为一种新型建筑材料，可用于建筑物外墙内保温和外保温，均表现出良好的保温效果，而且施工方便、快捷。轻质骨料保温砂浆中的轻质骨料，可以是无机的，如膨胀珍珠岩、膨胀蛭石；也可以是有机的，如膨胀聚苯颗粒；还可以是无机、有机复合的。轻质骨料保温砂浆中也可复合相变储能材料。与膨胀聚苯板、挤塑板等相比，轻质骨料保温砂浆具有防火性能良好、施工周期较短、易于控制质量、造价较低等优点，所以受到建筑保温行业的普遍欢迎。

近年来，在建筑保温材料方面还有一些创新产品，如相变储能材料、二氧化硅气凝胶和真空保温板。相变材料主要包括有机相变材料、无机相变材料和复合相变材料。有机相变材料具有化学性质稳定、无过冷和相分离现象、相变潜热高、无腐蚀性、无毒性、价格低廉等优点，近年来得到了广泛的应用。

常用的有机相变材料可分为石蜡类和非石蜡类。石蜡类有机相变材料具有较高的相变潜热，但也存在导热系数低 [$0.21\sim0.24W/(m\cdot K)$]、储能密度较小、价格昂贵且易燃等问题。非石蜡类有机相变材料主要包括脂肪酸类、醇类、脂类以及一些单体的聚合物，其中常见的脂肪酸有月桂酸（LA）、肉豆蔻酸（MA）、硬脂酸（SA）、棕榈酸（PA）和癸酸（CA）等。脂肪酸类有机相变材料具有相变点低且潜热值也较低的特点，如表 10.4 所示。

表 10.4 常见建筑用有机相变材料的热物性参数

名称	相变温度/℃	相变焓/(J/g)
石蜡	50.3	196.0
月桂酸	43.0	177.0
肉豆蔻酸	53.7	187.0
硬脂酸	70.7	203.0
棕榈酸	65.5	186.0
癸酸	30.1	152.0

建筑用无机相变材料应用最广泛的是水合盐，水合盐具有相变潜热大、导热系数高、溶解性大、来源广泛和价格低廉等优点。常见的水合盐主要有六水氯化钙（$CaCl_2\cdot6H_2O$）、六水氯化镁（$MgCl_2\cdot6H_2O$）、十水硫酸钠（$Na_2SO_4\cdot10H_2O$）、五水硫代硫酸钠（$Na_2S_2O_3\cdot5H_2O$）。无机相变材料的相变温度在 $20\sim30℃$，符合建筑用相变温度的要求。但无机相变材料存在稳定性较差、易出现过冷和相分离等问题。研究发现添加成核剂或者使用相变材料定型都可以有效减轻无机相变材料的过冷现象。研究者在 $Na_2SO_4\cdot10H_2O$ 中添加了纳米碳粉，发现过冷度仅为 1.2℃。Li 等在 $CaCl_2\cdot6H_2O$-$MgCl_2\cdot6H_2O$ 二元水合盐相变材料中添加了质量分数为 3% 的 $SrCl_2\cdot6H_2O$ 和 1%$SrCO_3$ 成核剂以及 0.5% 的增稠剂羟乙基纤维素，发现过冷度从 13℃降低到 2℃，效果良好。李海丽等研究 $Na_4P_2O_7\cdot10H_2O$ 和膨胀石墨对 $Na_2S_2O_3\cdot5H_2O$ 的过冷和相分离的影响，发现添加 3% 的 $Na_4P_2O_7\cdot10H_2O$ 可使材料过冷度小于 1℃，添加 1% 的膨胀石墨可使材料只有 0.6℃ 的过冷度。最终得出结论，相变材料 $Na_2S_2O_3\cdot5H_2O$：膨胀石墨：$Na_4P_2O_7\cdot10H_2O$ 组分比为 90：7：3 时热物性最优，

相变焓为 192.5kJ/kg，无相分离现象。

复合相变材料一般是由多种相变材料复合而成的，由于单一相变材料的相变温度很少符合建筑使用要求，所以往往通过复合得到多元共晶系，调整相变温度至合适范围内。常见的包括：有机-有机、无机-无机和有机-无机共晶物。

二氧化硅气凝胶属于非晶态多孔材料，其固相体积占总体积的 10% 以下（而气孔占总体积的 90% 以上），比表面积可达 $500 \sim 1200 m^2/g$，表观密度很低，只有 $3 \sim 350 kg/m^3$。由于孔隙率高，而孔隙直径极小，孔隙内气体的自由运动受到限制，二氧化硅气凝胶的导热系数可以低至 $0.013 \sim 0.016 W/(m \cdot K)$。因此，二氧化硅气凝胶一经开发成功，就被建筑、化工、汽车、航天和医药等领域的保温隔热行业所看好。

相关研究表明，用二氧化硅气凝胶作为骨料制备的砂浆具有优异的保温隔热性能。然而，二氧化硅气凝胶在保温砂浆中的应用也存在两方面难题：一方面，市场采购二氧化硅气凝胶价格十分昂贵；另一方面，二氧化硅气凝胶作为骨料使用很容易破碎。

针对市场采购二氧化硅气凝胶价格昂贵的问题，研究人员分析认为，主要是作为硅源的水玻璃价格居高不下所致，于是试图从废弃玻璃、稻壳灰、粉煤灰、甘蔗渣和地热污泥等富硅的原材料中获得廉价硅，用于制备二氧化硅气凝胶。其中，废弃玻璃因二氧化硅含量高但回收利用率低等问题格外受到人们的关注。然而，废弃玻璃中硅的多面体聚合度高，因此，通常需要通过水热合成法，即将废弃玻璃破碎、筛分而得到的玻璃粉与热碱液反应一段时间，以促进废弃玻璃中硅的溶解，从而获得硅源溶液。二氧化硅气凝胶直接作为骨料使用，制备砂浆时很容易破碎，这是因为二氧化硅气凝胶呈多孔结构，不仅强度极低，而且脆性很大，其杨氏模量只有 10MPa 以下，抗拉强度只有 16kPa 左右，断裂韧度只有 $0.8kPa \cdot m$ 左右。因此需要采取有效措施对二氧化硅气凝胶进行增强、增韧，以避免二氧化硅气凝胶应用中的破碎问题。通常对二氧化硅气凝胶采用的增强、增韧方法有两种：一种是在凝胶形成前加入增强、增韧材料；另一种是在二氧化硅气凝胶形成之后，将二氧化硅气凝胶破碎，然后在二氧化硅气凝胶颗粒或粉体中掺入增强纤维和/或黏结剂，经模压或浇注成型制成复合体。其中，在凝胶形成前加入多孔材料（如膨胀珍珠岩、膨胀蛭石和陶粒等），可将硅源吸入多孔材料内部，形成孔内富含二氧化硅气凝胶的多孔材料，不仅工艺简单，而且能有效解决二氧化硅气凝胶作为骨料使用时易破碎的问题。

真空保温板是由无机纤维芯材与高强度阻气膜组成，通过对内部抽真空并将无机纤维芯材封装在内部而制成。真空保温板的导热系数只有 $0.0025 \sim 0.0085 W/(m \cdot K)$，而发泡聚苯板的导热系数为 $0.029 W/(m \cdot K)$ 左右，无机颗粒保温砂浆的导热系数为 $0.065 W/(m \cdot K)$ 左右。可见，真空保温板是超级保温板，其只要一薄层就可以起到良好的保温效果。

要做好墙体或者说建筑物外围护的保温，窗玻璃的保温隔热也是十分重要的（建筑物 1/4 的热量是通过门和窗传递的）。当前，已经研制成功低辐射镀膜玻璃，相比较传统玻璃而言，这种新型玻璃的热辐射非常小，在玻璃的表面使用镀膜技术，增加了其采光性，能够将室内的热量进行循环，在冬季对于室内保温有不错的效果。与此同时，这种玻璃还能够抵挡来自窗外的紫外线，可以避免家具长时间在太阳光的照射下发生褪色现象。低辐射镀膜玻璃主要通过辐射进行热量的传递，能够降低热量的损失，抑制有害气体的释放，达到节能环保的目的。此外，低辐射镀膜玻璃还能够分解细菌中存在的有害气体，具有非常良好的抗污除臭功能。

10.3 结语

城市有大有小，但不管大小城市其要素均有很多，包括住宅区、工业区、商业区、街道、医院、学校、公共绿地、写字楼、广场、公园、图书馆、博物馆、展览馆、剧院、礼堂以及各种基础设施。随着城市化进程的加快，以及城市人口对城市生活环境要求的提高，智慧而节能的城市建设任务摆在我们面前，这就需要我们努力研制开发更高性能、更节能环保、更低碳、更绿色、更智能的建筑材料。单就混凝土而言，包括自密实混凝土（SCC）、高强混凝土（HSC）、超高强混凝土（UHSC）、高性能混凝土（HPC）、超高性能混凝土、超长时间坍落度保持混凝土、超缓凝混凝土、装饰混凝土、韧性混凝土、3D打印混凝土、低碳混凝土、吸碳混凝土、自修复混凝土和智能混凝土等。

将来，人类要登月、登火星，要长期生活在那里。深入了解月球、火星表面原材料特性，针对性研制月球、火星建造材料，也是未来的重要任务。

思考题

1. 城市的基本要素有哪些？近四十年来，中国高速的城市化进程对城市建设提出了哪些新要求？

2. 超高、外形复杂、美学要求高的智能建筑，在哪些方面推动着新型建材的发展？如何制备自密实混凝土、3D打印混凝土、自修复混凝土和透光混凝土？

3. 保温节能建筑材料有哪些种类？相变储能材料、光致变色玻璃、热反射涂料的作用机理如何？

4. 海绵城市建设中需要哪些特殊的建筑材料？

5. 你对建筑材料的未来有何期许？

第11章

纳米材料——攻克前沿科学与技术难题的法宝

11.1 纳米与纳米材料

（1）纳米与纳米材料的概念

什么是纳米呢？在希腊文中纳米就是侏儒的意思，大体意思是非常矮小，英文是nanometer。其实纳米就是一个长度计量单位，$1nm=10^{-9}m$。纳米是非常小的一个长度单位，一般DNA分子螺旋距离是1纳米，一个氢原子直径只有0.1纳米，一个红细胞大小是1000纳米，一个大头针的针尖直径就有100万纳米。一般一个人的身高有多少纳米呢？大家可以计算一下，一个2米高的篮球运动员就是20亿纳米。因此在你的脑海中就已经知道了，纳米这个长度单位的大小。

那么，什么是纳米材料呢？纳米材料是指在三维空间中至少有一维处于纳米尺度范围（1～100nm）或由它们作为基本单元构成的材料。比如，图11.1中给出的纳米球体、纳米管和纳米柱体，这些都是纳米材料。

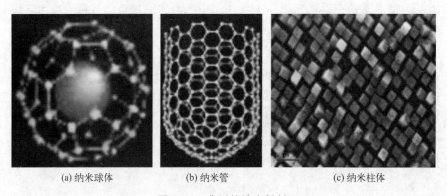

(a) 纳米球体　　　　　　(b) 纳米管　　　　　　(c) 纳米柱体

图 11.1　典型的纳米材料

（2）纳米尺度与纳米科技

在前面的内容中讲过材料的多尺度结构，从材料科学来看，纳米尺度就是原子之间集聚而成的晶体结构相近的尺度，是可以控制材料微结构的最小尺度。图11.2给出的是材料的结构与尺度的关系。由于材料的结构决定了它的性能，所以如果可以控制材料的微结构，就可以调控材料的性能。

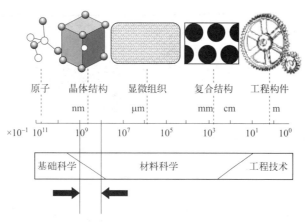

图 11.2　材料的多尺度结构

图 11.3 给出的是科学家在纳米尺度已经做出的研究成果。如 IBM 公司用氙原子在镍的（110）晶面写出了 IBM 的商标；科学家用铁原子在铜的（111）晶面上做成了围栏；在铂原子表面用一氧化碳分子排成了"纳米人"；中国科学家甚至将汉字"原了"写在了铜的（111）晶面上，用搬走原子的方法写出了"中国"两个汉字。

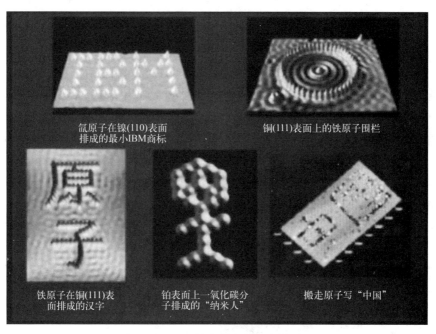

图 11.3　纳米尺度研究成果

从一个 2 米高的运动员到 10 纳米的纳米人，中间相差 8 个数量级单位，见图 11.4。人们将对世界的认识逐渐精细化，可以制造出纳米马达、纳米围栏、纳米壳体等很多纳米结构，用以改善装备，实现人类还未触及的功能。人可以借助不同的工具来观察更大或更小的物体，对于纳米材料只有放大到 100 万倍才能被肉眼看到，因此通常使用电子显微镜来观察纳米材料和纳米结构。

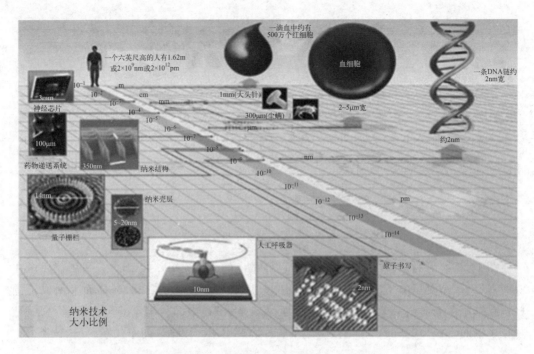

图 11.4　从维度上看纳米

还有一个很流行的词叫纳米科技，纳米科技就是制造和研究纳米尺度（10^{-9}～10^{-7}m）的器件和材料的科学技术。纳米科技包括：创造和制备各种新型具有优异性能的纳米材料；设计、制备各种纳米器件和装置；探测分析纳米材料与器件的结构和性质及其相互关系和机理。

纳米科技的概念是在 1959 年，著名物理学家、两度诺贝尔奖获得者理查德·费曼在一次题为"在底部还有很大空间"（"There is plenty of room at the bottom"）的著名演讲中提出的。费曼说："如果有一天能按人的意志安排一个个原子和分子，将会产生什么样的奇迹呢？"他甚至预言，人类可以用新型的微型化仪器制造出更小的机器，最后人们可以按照自己的意愿安排一个个分子甚至单个原子，那将会产生许多激动人心的新发现，从此打开一个崭新的世界。这就是纳米技术最早萌芽。

图 11.5　300nm 的标尺下看到的文字

可以说，纳米科技将引发一场新的工业革命。图 11.5 就是英文的"纳米科技将引发一场新的工业革命"，这是在 300nm 的标尺下看到的。

纳米科技的科学意义在于：①纳米科技将促使人类认知的革命，人类会从纳米这个维度认识物质和结构；②纳米科技将引发一场新的工业革命，纳米科技会制造出从来也没有想到的产品和物品；③纳米科技是一门综合性的交叉学科，纳米科技不仅仅是材料技术，也是电子、机械、医学甚至艺术学科的事情。我国两院院士著名材料学家师昌绪先生曾题词：重视纳米科学技术基础研究，迎接新一代产业革命。纳米科技的最终目标就是直接利用物质在纳米尺度上表现出来的新颖的物理化学和生物学特性制造出具有特定功能的产品。

举几个例子来说明纳米的神奇之处。大家都知道荷叶出淤泥而不染，那么到底是什么原因导致荷叶如此厉害？原来荷叶的表面有很多纳米结构，见图11.6。正是这些凸起的纳米结构导致其具有超疏水性，达到了出淤泥而不染的效果。前面也讲过，可以利用这个原理制备不沾污布料。

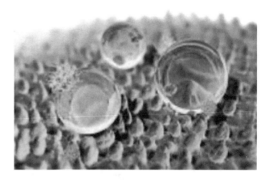

图 11.6　荷叶的表面纳米结构

其实昆虫的翅膀也有类似的纳米凸起结构，导致其不沾水，见图11.7。所以，昆虫不怕雨。

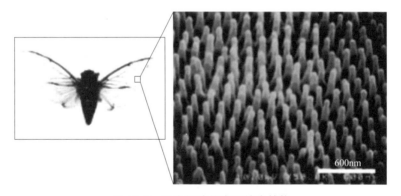

图 11.7　昆虫翅膀的表面纳米结构

再举一个例子就是蝴蝶，蝴蝶的翅膀五颜六色，在不同强度的光线下，颜色还会有变化。后来人们研究发现蝴蝶翅膀表面是鳞片状结构，放大为周期性规则纳米结构，见图11.8。这种结构具有光子晶体特点，可以反射特定频率的光，起到调控色彩的作用。

纳米技术就是利用特定的合成方法制备出纳米粒子或者纳米薄膜这样的纳米材料，再经过组装的手段变成纳米结构或者纳米器件，最终形成纳米系统（图11.9）。如纳米分散体涂层、高比表面积材料、纳米功能器件、纳米密实体材料等。

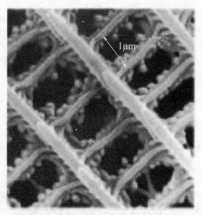

图 11.8 蝴蝶翅膀的表面结构

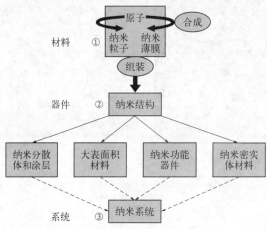

图 11.9 从材料到系统的纳米技术

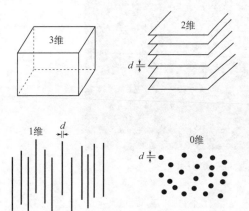

图 11.10 按照维度分类的纳米材料

（3）纳米材料的分类

纳米材料按照维度来分，可以分为三维纳米材料、二维纳米材料、一维纳米材料和零维纳米材料。三维纳米材料是体型结构，二维纳米材料是片状结构，一维纳米材料是线型结构，零维纳米材料是颗粒型结构，见图 11.10。

① 零维纳米材料。图 11.11 给出的是零维纳米材料的实例。在透射电子显微镜下，硒化铟纳米晶和银纳米球均为零维的球状结构。

② 一维纳米材料。图 11.12 给出的是一维纳米材料的实例，如 VO_2 纳米棒、Ag_2Se 纳米线、ZnO 纳米管和 Ag 纳米线的结构。不管是纳米棒、纳米管、纳米线还是纳米带，都属于一维纳米结构，利用这些一维结构可实现特殊功能，如利用一维纳米结构做半导体器件，或者催化剂载体。

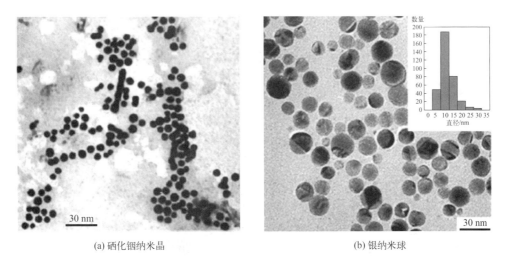

(a) 硒化铟纳米晶

(b) 银纳米球

图 11.11 零维纳米材料

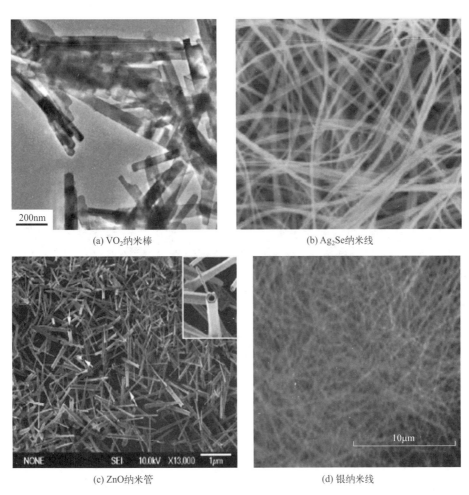

(a) VO₂纳米棒

(b) Ag₂Se纳米线

(c) ZnO纳米管

(d) 银纳米线

图 11.12 一维纳米材料

③ 二维纳米材料。纳米膜是二维纳米结构。图 11.13（a）是 Al_2O_3 多孔纳米膜，孔的直径在 70nm；图 11.13（b）是 $Co(OH)_2$ 纳米片，厚度 15nm。二维纳米结构比表面大，在过滤、吸附等领域有广泛的应用前景。

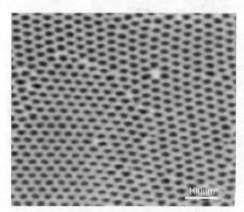 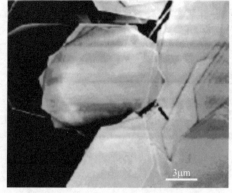

(a) Al_2O_3 多孔纳米膜　　　　　　　　(b) $Co(OH)_2$ 纳米片

图 11.13　二维纳米材料

④ 三维纳米材料。图 11.14 给出的是三维纳米材料的实例。图 11.14（a）为 Fe_2O_3 纳米棒自组装在一起形成的类似于海胆的 3D 超结构，Fe_2O_3 纳米棒从中心向四周辐射，每个纳米棒的直径约为 80nm。图 11.14（b）为 PbS 树枝状 3D 纳米结构，可以看到，干的长度在 $2\sim4\mu m$，枝的直径在 $40\sim100nm$。图 11.14（c）是 $CuInS_2$ 多孔微球，微球是由平均厚度在 30nm 的纳米片组装而成。这些纳米片彼此连接形成了具有不规则孔的网状结构，看起来很漂亮。大量的微孔存在，使其在吸附、吸声和电极材料方面都有很好的应用前景。

  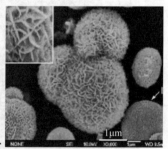

(a) Fe_2O_3 纳米棒组装海胆型结构　　(b) PbS 树枝状 3D 纳米结构　　(c) $CuInS_2$ 多孔微球

图 11.14　三维纳米材料

（4）纳米材料分析用显微镜

纳米材料一般需要用更高放大倍数的显微镜来观察，目前主要使用的除了常规的扫描电子显微镜、透射电子显微镜外，还有原子力显微镜、扫描隧道显微镜。其中扫描隧道显微镜具有原子级高分辨率，其最高分辨率可达 0.1nm，因此可以分辨出单个原子。但其一般只适用于导电物体的表面观察。原子力显微镜可以观察非导电样品，但其分辨率低于扫描隧道显微镜。

扫描隧道显微镜（STM）的基本原理是基于量子力学的隧道效应和三维扫描，见图 11.15。STM 主要用来描绘表面三维的原子结构图，在纳米尺度上研究物质的特性，还可以实现对表面的纳米加工，如直接操纵原子或分子，完成对表面的剥蚀、修饰以及直接书写等。

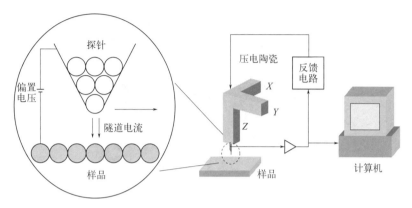

图 11.15　STM 的工作原理

图 11.16 是用高分辨透射电镜观察到的四氧化三铁纳米颗粒，可以看到四氧化三铁纳米颗粒的直径大约 8nm，其中两个晶面（111）和（400）看得非常清晰。

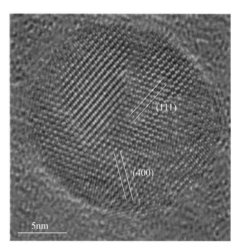

图 11.16　高分辨透射电镜观察到的四氧化三铁纳米颗粒

图 11.17（a）和（b）是用 STM 观察到的样品表面三维原子结构，（a）为硅表面硅原子 STM 图像，（b）为石墨中碳原子 STM 图像。IBM 公司使用 STM 把 35 个氙原子移动到各自的位置，在镍金属表面组成了"IBM"三个字母，这三个字母加起来不到 3nm 长，成为世界上最小的 IBM 商标，见图 11.17（c）。中国科学院化学研究所利用 STM 在石墨表面通过搬迁碳原子绘制出世界上最小的中国地图。通过扫描隧道显微技术确实实现了理查德·费曼所想的按照人的意愿组装分子，这就是纳米科技的奇妙之处。

(a) 硅表面原子

(b) 石墨表面碳原子

(c) 镍金属表面IBM图案

图 11.17　利用 STM 进行表面观察与原子移动

11.2　纳米材料的特性和四大效应

11.2.1　纳米材料的特性

科学家们在纳米尺度上观察到纳米粒子在化学和物理性质上表现出奇异的特性，比如特殊的光学、电学、磁学、热学、力学、化学等性能。

（1）特殊的热学性质

固态物质在其形态为大尺寸时，熔点是固定的，超细微化后却发现其熔点将显著降低，当颗粒小于 10nm 量级时尤为显著。普通 Ag 粉 900℃ 才熔融，纳米 Ag 粉 100℃ 就熔化了；普通 Cu 粉 327℃ 熔融，纳米 Cu 粉 39℃ 就熔化了；大块的黄金 1064℃ 才熔融，如果尺寸到了 2nm，327℃ 就熔化了。利用该特性，金属超微颗粒有望成为新一代的低熔点材料。

（2）特殊的力学性质

大家都知道金刚石强度高很硬，但碳纳米管 ［图 11.18（a）］ 除了有很高的强度外还有很好的韧性，是强度和韧性俱佳的材料。含有纳米晶粒的金属要比传统的粗晶粒金属硬 3～5 倍。图 11.18（b）给出了纳米 Ni 的硬度和粒径的关系，可以看出随着纳米晶粒粒径的降低，金属的硬度升高。

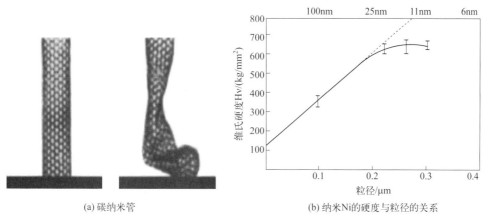

| | (a) 碳纳米管 | (b) 纳米Ni的硬度与粒径的关系 |

图 11.18　纳米材料特殊的力学性能

（3）特殊的光学性质

　　当黄金被细分到小于光波波长的尺寸时，便失去了原有的富贵光泽而呈黑色，成为黑金了。事实上，所有的金属在超微颗粒状态都呈现黑色，尺寸越小，颜色越黑。银白色的铂（白金）变成铂黑，金属铬变成铬黑。另外，与块体材料相比，由于量子效应引起的能带间隙变宽，纳米微粒的吸收带普遍存在"蓝移"现象。所以可以看到，当染料纳米颗粒尺寸升高时，其颜色逐渐加深，见图 11.19。

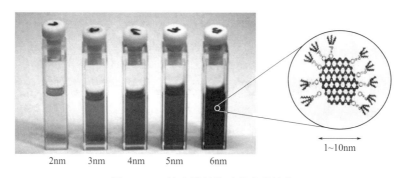

| | 2nm | 3nm | 4nm | 5nm | 6nm | 1~10nm |

图 11.19　纳米材料特殊的光学性能

（4）特殊的磁学性质

　　人们发现鸽子、海豚、蝴蝶、蜜蜂等有天然的回家本领，比如信鸽百里之外也可以找到自己的目的地。这主要是因为这些生物体中存在超微的磁性颗粒，在地磁场导航下能辨别方向，因而具有回家的本领。小尺寸超微颗粒的磁性与大块材料显著不同，大块的纯铁矫顽力约为 80A/m（矫顽力反映了磁性材料保持磁性的能力）；而当颗粒尺寸减小到 20nm 以下时，其矫顽力可增加 1000 倍；若进一步减小其尺寸，大约小于 6nm 时，其矫顽力反而降低到零，呈现出超顺磁性。

11.2.2　纳米材料的四大效应

　　为什么纳米材料如此特殊呢？结构决定性质，所有的特性都来自纳米效应。纳米效应包括表面效应、小尺寸效应、量子尺寸效应和宏观量子隧道效应。下面分别论述这四个纳米效应。

（1）表面效应

粒子尺寸减小时，其表面原子数在增加。如图 11.20 所示，当纳米微粒尺寸为 10nm 时，表面原子数占比为 20％，其他 80％在材料的内部；当纳米微粒尺寸减小到 4nm 时，表面原子数占比上升到 40％；继续减小纳米粒子尺寸到 2nm，88％的原子都在粒子表面了；如果纳米粒子尺寸减小到 1nm，99％的原子都在粒子表面。粒子的表面原子和内部原子有什么不一样呢？表面原子的外部没有其他原子的作用，其表面能高、表面活性强。因此可以得出这样的结论：当粒子尺寸减小到纳米级时，表面原子数增加，比表面积、表面能、表面活性都会迅速增加，因而粒子性质就会产生巨大变化。

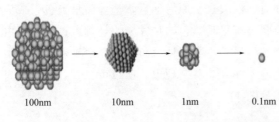

纳米微粒尺寸	包含原子总数	表面原子比例
10nm	3×10^4	20％
4nm	4×10^3	40％
2nm	2.5×10^2	88％
1nm	30	99％

图 11.20　纳米材料的表面效应

（2）小尺寸效应

当微粒尺寸变得很小时，小到与光波的波长、电子的德布罗意波长等物理特征尺寸相当或更小时，晶体周期性的边界条件将被破坏，导致力学、光学、电学、磁学、热学、声学等特性均会发生变化，这一现象被称为小尺寸效应，见图 11.21。

（3）量子尺寸效应

当微粒尺寸降到一定值时，费米能级附近的电子能级由准连续能级变为分立能级，吸收

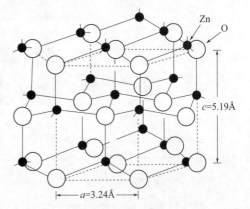

图 11.21　纳米材料的小尺寸效应

光谱阈值向短波方向移动，如图 11.22 所示，这种现象称为量子尺寸效应。在该尺寸下，量子效应就会产生。利用此效应，可进行纳米器件的设计。

（4）宏观量子隧道效应

电子既具有粒子性又具有波动性，因此存在隧道效应。微观粒子具有贯穿势垒的能力称为隧道效应。为了区别单个电子、质子、中子等微观粒子的微观量子现象，把宏观领域出现的量子效应称为宏观量子效应。

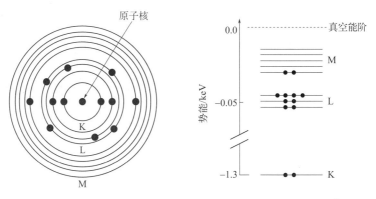

图 11.22 纳米材料的量子尺寸效应

在经典力学中，宏观物体是不能穿透宏观系统势垒的，但一些宏观量如微颗粒的磁化强度、量子相干器件中的磁通量及电荷等，它们可以穿越宏观系统的势垒而产生变化，故称为宏观量子隧道效应，见图 11.23。

图 11.23 纳米材料的宏观量子效应

纳米效应对应的四大效应理解起来比较生涩难懂，但只要明白其基本道理即可。纳米材料是由于其小尺寸带来了表面效应和量子效应，进而大大影响了材料的物理特性，产生很多奇异的性能。

11.3 纳米技术的应用

纳米这项新技术的诞生对人类社会的发展具有重要的意义，其用途之广，涉及领域之多，前所未有。纳米技术是一门崭新的交叉学科，学科领域涵盖纳米物理学、纳米电子学、纳米化学、纳米材料学、纳米机械学、纳米生物学、纳米医学、纳米显微学、纳米计量学和纳米制造等，有着十分宽广的学科领域。21世纪，纳米技术将广泛应用于信息、医学和新材料领域。

（1）纳米材料学

陶瓷材料具有坚硬、耐高温等优良特性，工业界一直认为陶瓷是未来汽车、飞机发动机的理想材料。陶瓷材料在通常情况下呈脆性。采用纳米技术制备的纳米陶瓷具有很多优点：高强度纳米陶瓷材料的强度比普通陶瓷材料高出 4～5 倍；高韧性纳米陶瓷由于其晶粒尺寸小至纳米级，在受力时可产生形变而表现出一定的韧性。如室温下的纳米 TiO_2 陶瓷表现出很高的韧性，压缩至原长度的 1/4 仍不破碎。超塑性纳米陶瓷在高温下具有类似于金属的超塑性，纳米 TiO_2 陶瓷在室温下就可发生塑性形变，在 180℃ 下塑性形变可达 100%。如果可以大量制备具有高强度、高韧性的纳米陶瓷，那么陶瓷材料可以在发动机、汽车甚至高温结构材料中大显身手。

图 11.24 是碳纳米管。碳纳米管的强度比钢高 100 多倍，杨氏模量可高达 5TPa，这是目前可制备出的具有最高比强度的材料，而比重却只有钢的 1/6；同时碳纳米管还具有极高的韧性，十分柔软，被认为是"超级纤维"。

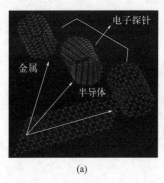 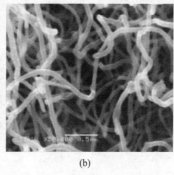 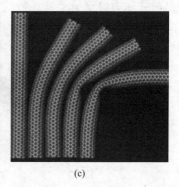

（a）　　　　　　　　　　（b）　　　　　　　　　　（c）

图 11.24　碳纳米管

碳纳米管具有良好的导电性，它能作为纳米印刷电路的材料，也能做成纳米开关。由于是管状结构，故碳纳米管可以做成极细的针头用于给细胞"打针"。碳纳米管的强度高、重量轻，如果把它做成"太空电梯"缆绳，使缆绳的长度等于从同步轨道卫星下垂到地面的距离，它也完全可以经得住自身的重量，到那个时候，人类到太空旅行将是一件轻而易举的事情。如果用碳纳米管做成地球—月球乘人的电梯，人们就可以到月球定居了。科学家研究发现纳米铜和铝一遇到空气就会剧烈燃烧，发生爆炸，可以作为未来的纳米固体燃料使火箭具有更大的推动力。因此，纳米技术可以帮助我们实现太空梦，见图 11.25。

如果用碳纳米管作为晶体管，晶体管之间的距离可以小至 1nm，集成电路的集成度可大大提高，电子计算机的运算速度也就会大幅度提高，见图 11.26。

（2）纳米电子学

基于利用 STM 对分子、原子进行操纵的事实，人们产生了利用 STM 技术制造分子存储器甚至原子存储器的想法。物体的表面有原子的位置为"1"，没原子的位置为"0"，这不就可以表示二进制吗？这不就是存储器吗？纳米存储器的存储密度可达每平

图 11.25　纳米材料与太空梦

图 11.26　碳纳米管晶体管

方厘米 10 万亿字节，见图 11.27。一个分子存储器能够存储的信息，相当于 100 万张光盘的存储量；而一张同样大小的原子存储器的容量，将能够存入人类有史以来的全部知识！

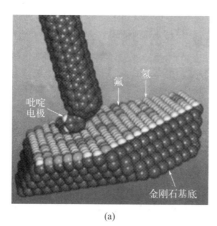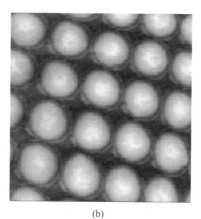

(a)　　　　　　　　　　　　(b)

图 11.27　纳米存储器

在飞机外表面涂上纳米超微粒材料，可以有效吸收红外光和电磁波，这就使得红外探测器及雷达得到的反射信号强度大大降低，因此很难发现探测目标，达到了隐身效果。1991年的海湾战争，F-117A型隐身战斗机外表所包覆的材料中就包含有多种纳米超微颗粒。另外，金属超微颗粒对光的反射率很低，通常低于1％，大约几微米的厚度就能完全消光。利用这个特性可以高效率地将太阳能转变为热能、电能，还能应用于红外敏感元件、红外隐身技术等。

（3）纳米机械学

两种不同的分子在分子间力的作用下在溶液中可发生自组装。纳米机械具有自组装、自我复制等功能。图11.28（a）是由碳纳米管制作的纳米齿轮模型，纳米齿轮上的原子清晰可见；图11.28（b）显示的是可以进入人体细胞的纳米机电设备——"纳米直升机"；其中的生物分子组件［图11.28（c）］将人体的"生物燃料"三磷酸腺苷转化为机械能，使得金属推进器的运转速率达到每秒8圈，利用这个能量它们可以在人的细胞内"飞翔"和"着陆"。

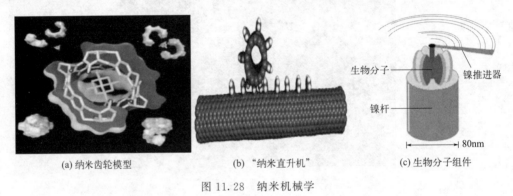

(a) 纳米齿轮模型　　　　　　(b) "纳米直升机"　　　　　　(c) 生物分子组件

图11.28　纳米机械学

（4）纳米生物学

图11.29（a）为科学家幻想的人体中的红细胞和人造细胞在一起的情景。人体中红细胞的重要功能之一是向身体的各个部分输送氧分子，如果身体的某些部分缺氧，那部分就会感到疲劳。图11.29（a）中的小球（纳米人造细胞）称为呼吸者，它们不仅具有比红细胞（携带氧分子）多数百倍的功能，而且本身装有纳米计算机、纳米泵，可以根据需要将氧释放，同时将无用的二氧化碳带走。图11.27（b）为纳米生物机器人在疏通血管。纳米机器人可以小到在人的血管中自由地游动，对于像脑血栓、动脉硬化等病灶，它们可以非常容易地予以清理，而不用再进行危险的开颅、开胸手术。纳米仿生机器人还可以为人体传送药物，进行细胞修复等工作。

（5）Morph 纳米概念手机

Morph 极具柔韧性，可以任意弯曲变形，见图11.30。其还具有表面自动清洁能力以及完全透明的电路设计，采用全屏幕显示，可以折叠，也可以弯曲成一个手镯当饰品佩戴，同时可以将无线耳机佩戴在衣服上便于在行动中接听电话。能源方面，它能吸收

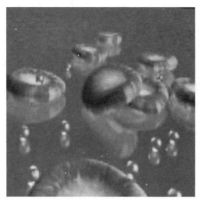
(a) 红细胞和人造纳米红细胞共存

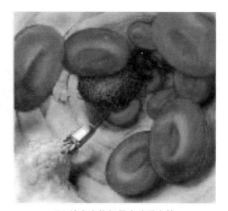
(b) 纳米生物机器人疏通血管

图 11.29 纳米生物学

太阳能转化为电能，而无需担心电力问题。外壳可以抵抗汗液等常见成分的侵蚀，具有自我清洁的能力。它甚至还具有生物检测功能，可以预知食品污染，随时随地保证使用者的身体健康。Morph 纳米概念机探索的是未来纳米技术给个人移动终端带来的潜在创新。

图 11.30 纳米概念手机

11.4 结语

　　纳米是可以控制材料微结构的最小尺度。纳米材料在化学和物理性质上表现出许多奇异的特性，即四大纳米效应。纳米材料将衍生出纳米物理学、纳米电子学、纳米化学、纳米材料学、纳米机械学、纳米生物学、纳米医学、纳米显微学、纳米计量学和纳米制造等多个领域，纳米材料及纳米技术将引发一场新的工业革命。

思考题

1. 为何说纳米科技将引发一场新的工业革命？
2. 纳米尺度与材料结构是如何关联起来的？
3. 举例说明材料纳米化对其性能产生的根本性影响。
4. 举例展望纳米技术在电子、医学等领域中的应用前景。

第 12 章

智能材料——智能型社会的支撑

12.1 智能材料概论

人类社会从 18 世纪 60 年代第一次工业革命开始就进入了工业社会，称为工业 1.0 时代。这个时代典型的材料就是钢，代表性装备就是蒸汽机，人类社会开始进入了机械化时代。从 19 世纪下半叶到 20 世纪中叶，人类社会进入了第二次工业革命时期，称为工业 2.0 时代。这个时代典型的材料就是金属合金，代表性装备就是法拉第通过电磁感应发明的发电机，机器代替人完成复杂繁重的工业生产，生产效率大幅度提升，社会财富大幅度增加，人类社会开始进入了电气时代。直到 1970 年左右，人类社会大量使用了电子技术，进入了第三次工业革命时期，工业的自动化水平大幅度提升，称为工业 3.0 时代。这个时代典型的材料就是硅，代表性装备就是计算机。今天，人类社会正在进入第四次工业革命时期，信息物联系统产生，人工智能将引领这个时代，称为工业 4.0 时代，在我国被称为"中国制造 2025"。这个时代典型的材料是新材料群体，智能材料会不断涌现，代表性装备是智能机器人，人机互动，万物智能将成为社会的主旋律。

材料是人类社会发展的物质基础，人类文明的发展史就是一部利用材料、制造材料和创造材料的历史。材料一直是社会发展的基石和引擎。材料的发展从最初的合成金属材料、高分子材料、无机非金属材料，进一步开始了通过改变组成和结构的高性能化过程，并出现了材料相互结合的先进复合材料，即材料复合化的过程。社会对材料的需求越来越多，对于结构材料希望有些功能，对于功能材料希望有些强度，因此材料的发展向多功能化进行，或称结构功能一体化材料。到了今天，社会需要智能化发展，作为社会发展的物质基础的材料要成为推动力，材料的智能化是摆在我们面前的重大课题。

那么，智能到底有什么含义呢？材料的性能是指材料对外部作用的抵抗特性，比如强度、硬度都属于性能。材料的功能是指从外部向材料输入一种信号时，材料内部发生质和量的变化而产生输出另一种信号的特性，比如导电、导热、发光等就是功能。智能就是一切生命体皆具备的对外界刺激的反应能力，智能要能接收、感知信号，且能处理，进而作出适时的响应，即执行。智能材料就像材料有了生命的功能一样，是材料发展的最高阶段。

下面看看植物含羞草是如何对外界刺激产生反应的。科学家通过研究发现含羞草的叶枕中心有一个大的维管束，维管束四周充满着具有许多细胞间隙的薄壁组织。当振动传到叶枕时，叶枕的上半部薄壁细胞里的细胞液被排出到细胞间隙中，使叶枕上半部细胞的膨压降低，而下半部薄壁细胞间隙仍然保持原来的膨压，结果引起小叶片的直立进而两个小叶片闭合起来，甚至于整个叶子垂下来。

再举一个动物的例子，蜥蜴，俗称变色龙。蜥蜴的皮肤会随着外界环境的变化而产生颜色变化，进而与环境协调，不容易被天敌发现。科学家经过研究发现：在蜥蜴的表皮上有一个变幻无穷的"色彩仓库"，在这个仓库里，储藏着绿、红、蓝、紫、黄、黑等各种色素细胞，这些色素细胞的周围有放射状的肌纤维丝，可以使色素细胞伸缩自如。一旦周围的光线、湿度和温度发生了变化，或者变色龙受到了化学药品的刺激，有的色素细胞便增大，而其他一些色素细胞就相应缩小，于是，变色龙通过神经调节，像魔术一样，随心所欲地变换着身体的颜色。

上面的两个实例都是典型的智能化，是植物、动物等生命体整体产生的效果。那到底什么是智能材料呢？把材料按照"聪明"程度从低到高分为普通材料、功能材料、机敏材料和智能材料。智能材料来源于功能材料，功能材料是智能材料的基础。功能材料又可以分为感知材料和驱动材料。感知材料能够感知来自外界或内部的刺激强度及变化（如应力、应变、热、光、电、磁、化学药品和辐射等），可制成各种传感器；驱动材料可根据温度、电场或磁场的变化改变自身的形状、尺寸、位置、刚性、阻尼、内耗或结构等，对环境具有自适应功能，可制成各种执行器。机敏材料（smart materials）是兼具敏感（感知）材料与驱动材料之特征，即同时具有感知与驱动功能的材料，是智能材料的初级阶段，也是目前智能材料研究开发的主体。智能材料（intelligent materials）是机敏材料和控制系统相结合的产物，集传感、控制和驱动三种职能于一身，是感知材料、驱动材料和控制材料（系统）的有机合成。智能材料是材料发展的最高阶段。

如果给智能材料下个定义的话，两院院士、著名材料科学家师昌绪先生在材料大辞典中这样描述：智能材料是模仿生命系统，能感知外界环境或内部状态所发生的变化，而且通过材料自身的或外界的某种反馈机制，能够适时地将材料的一种或多种性质改变，作出所期望的某种响应的材料。因此，智能材料应含有三要素：感知、反馈和响应。

按照这样的定义，智能材料不是一种单一的材料，而是一个由多种材料组元通过有机紧密复合或严格的科学组装而构成的材料系统，是一种智能结构。智能结构包括三部分：传感器、控制器和执行器。传感器就是材料自身能够探测到外部环境状态的变化；控制器就是能够对探测到的外部环境的变化作出判断，并给出相应的改变材料状态的指令；执行器就是能够自动地执行改变材料状态的指令。三个功能合在一起就是智能材料。

因此，智能材料的内涵包括：具有感知功能，能够检测并且可以识别外界（或者内部）的刺激强度，如电、光、热、应力、应变、化学药品、核辐射等；具有驱动功能，能够响应外界变化；具有响应功能，能够按照设定的方式选择和控制响应。理想的智能材料还应该具有：反应灵敏、及时和恰当；当外部刺激消除后，能够迅速恢复到原始状态等特性。比如含羞草当有触碰马上就会变形，没有触碰后，会很快恢复原状。蜥蜴也是，光线由暗变明时，皮肤颜色要立即发生变化，否则就会被天敌发现。

一般来说，智能材料分为四个部分：

① 基体材料，作用是承载材料，连接其他三部分。主要有轻质材料（高分子材料、轻质有色合金）。

② 感知材料，作用是感知环境变化。目前主要有光纤材料、压电材料、形状记忆材料、磁致伸缩材料、碳纤维等。

③ 驱动材料，作用是产生响应和控制。目前主要有压电材料、形状记忆材料、电（磁）流变体、磁致伸缩材料、刺激响应性高分子凝胶等。

④ 信息处理器，是传感器和执行器的枢纽，是控制系统，如同人的大脑，也是智能材料体系中最难实现的部分。

举一个例子说明智能材料的构成。将光导纤维、形状记忆合金和镓砷化合物半导体控制电路埋入树脂材料中就形成了智能材料。其中树脂材料就是基体材料，使感知材料、驱动材料和信息处理器集成一体；光导纤维是感知材料，检测复合材料结构中的应变，实现感知功能；镓砷化合物半导体控制电路是信息处理器，根据传感元件的信息驱动元件动作，完成控制器功能；形状记忆合金就是驱动材料，根据驱动元件动作改变性状，完成驱动器功能。

12.2 智能材料设计

智能材料设计通常以功能材料为基础，以仿生学、人工智能及系统控制为指导，依据材料复合的非线性效应，用先进的材料复合技术，将感知材料、驱动材料和基体材料进行复合。

智能材料设计目前主要有以下两条技术路线。

① 将传感器、处理器和驱动器埋入结构中，通过高度集成制造智能结构，即所谓智能结构。

② 将智能结构中的传感器、驱动器、处理器与结构的宏观结合，变为在原子、分子层次上的微观"组装"，从而得到更为均匀的物质材料，即所谓智能材料。

创造人工原子并实现其三维任意排列，是人工材料的极限，也是智能材料的最终目标。

NCP362是集成电流保护和高速静电放电保护的过压保护器件，见图12.1。其微观结构就是一种自组装型智能材料，集传感器、处理器和驱动器于一身。环二烯酰胺分子在过电压条件下发生自组装，形成海胆型超分子，使电阻大幅度提升，从而保护电子元件免受高电压击穿。

智能效应的基本原理是物质和场之间的交互作用过程。智能材料设计的具体过程为：明确材料的应用目标和实现思路，确定智能材料的输入场和输出场，选择感知组元、驱动组元和中间场（信息处理单元），借助中间场信息处理单元，通过几个物理或化学效应的耦合来实现所需的智能化效应。

下面介绍两个智能材料设计的实例。首先看下仿生自愈合水泥基复合材料是如何设

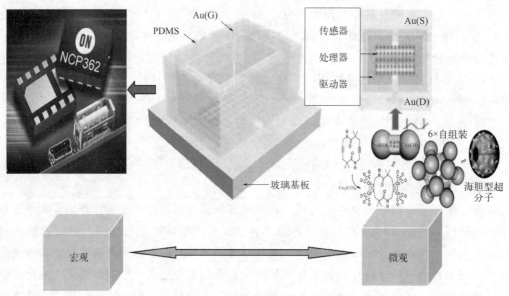

图 12.1　过压保护器的智能化设计

计的，见图 12.2。主要有两个路径：一是模仿生物组织受伤后自动分泌某种物质形成愈伤组织，愈合伤口。将内含黏结剂的空心玻璃纤维或胶囊掺入水泥基材料中，水泥在外力作用下发生开裂时玻璃纤维或胶囊破裂而释放黏结剂，流向开裂处将其重新黏结起来，起到自愈合作用。二是模仿骨骼的结构和形成。在基体磷酸钙水泥中加入多孔的编织纤维网，在水泥水化和硬化过程中，纤维释放出单体和聚合反应引发剂形成高聚物，聚合反应留下的水分参与水化，纤维网表面形成大量有机、无机物质穿插黏结，形成具有优异强度和延展性的复合材料。如果材料受损，多孔纤维会继续释放高聚物愈合损伤。

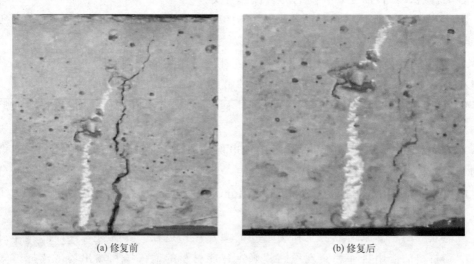

(a) 修复前　　　　　　　　　　　　　　　(b) 修复后

图 12.2　仿生自愈伤水泥基复合材料

第二个例子是智能皮肤。用光纤材料和智能高分子材料制成能像人的手那样可以"感觉"和"动作"的传感器与执行器，运用电子技术和计算机技术制造出能够像人的大脑那样可以分析判断、逻辑推理及综合理解的微型数据信息处理系统，将这些传感器、执行器及处理系统埋入结构材料中，就形成了一种具有类似人皮肤那样功能的复合智能材料。这种智能材料可以用来制成飞机的机翼和机身的蒙皮，以防止鸟撞飞机等意外事故的发生；还可以用在潜艇上，吸收来自声呐的反射波，使其摆脱敌方声呐系统的监控。

12.3 仿生智能材料

生命体是最好的智能材料设计学习的范本。人体的智能过程是外界的信息通过感觉系统感知，经神经系统传递给大脑，大脑作出判断再通过神经系统传出命令，执行对外界的反应，表现为身体的各种动作。生命体对环境的响应源于细胞，细胞本身就是具有传感、处理和执行三种功能的融合材料，可作为智能材料的范本。

首先是信息传感，就是传感系统。视觉通过视网膜中的视细胞感知，听觉通过内耳外毛细胞感知，味觉通过口腔黏膜中味蕾内的味细胞感知，嗅觉通过鼻后隐窝的嗅觉上皮细胞感知，触觉通过离表皮较浅区域的传感细胞即神经末梢的触觉细胞感知，而内界感觉通过内脏受体、血管壁内皮细胞感知。

接下来是信息处理。人的各种信息由传感系统感知，经神经系统传递给大脑，大脑是神经系统的控制中心，起着信息存储、计算、综合和提取的作用。人类大脑可储存从数秒的短期信息到一辈子的信息，再一次出现同一情况时能加以复制，并且能响应长期荷载而重建，且进行预测。大脑还有响应功能，会尽可能准确地预示未来。脑和脊髓构成中枢神经系统，通过神经系统控制身体的各种动作。人脑有 10^{12} 个神经细胞，脑实质上是由神经细胞构成的网络。人脑以神经系统传递信息，传递过程涉及化学过程的膜电位传输。

最后就是执行大脑发出的信号。胶原是一种蛋白纤维，存在于棘皮动物如海胆、海参、海星等的结缔组织中。胶原的交联链可控且能变化，故能使其在刚性胶原/糖胺聚糖复合材料和黏性液体两种状态间变化：一种是相对刚性状态，其中胶原承受拉伸，使躯体或器官固定于一定姿态；另一种则是相对松弛状态，其中胶原是柔韧材料，它随肌肉作用或外界刺激而改变形状或体态。由此得到启发，科学家们利用电（磁）流变液开发可控复合材料。人体内还含有弹性蛋白，弹性蛋白 95% 氨基酸都有疏水侧链，大量疏水侧链在低温时水合溶胀，高温时脱水收缩，能将热直接转变为机械功。据此科学家们制备了能响应其他变量如 pH 值、盐浓度、压力和电能而转变为机械功的一系列弹性蛋白凝胶。

有一类智能材料是仿生智能材料，是在研究一些动物和植物活体的基础上，掌握生物所具有的特异功能，再设法把这些研究成果用于智能材料的设计和制备中。下面介绍下人们已经研发的仿生智能材料。

① 骨是智能生物材料的范例，它是一种复杂的功能材料，为从事智能材料研发的材料科学工作者提供了思路。骨是由以胶原为主要成分的有机物和羟基磷灰石

$[Ca_{10}(PO_4)_6(OH)_2，HAP]$ 无机物组成的典型有机/无机纳米复合功能材料。骨有自适应和自愈合的功能。自适应是指骨内组元能自动地沿外力方向定位或重定位，并通过改变其质量对外力作出响应，能抵抗微型骨折及修复和重塑过程中产生的应力，保证骨骼的自身稳定功能；自愈合是指人体骨折后会出现骨自愈合现象，新骨在变形凹面处形成，而老骨从变形凸处去除，以产生一个相对竖直的结构单元。外加电场能促进体液的流动，促进骨的生长和愈合。科学家受其启发合成了"自愈合"纤维，用来感知混凝土中的裂纹和腐蚀并自动将其修复。主要利用氢氧化钙悬浮液和含胶原的磷酸水溶液共沉淀制备磷灰石和胶原复合体，其力学性能类似人骨。

② 味细胞能将外界的化学刺激变换为电信号。甜味是甜味物质被羟基吸附，使脂质膜的膜电阻增大；咸味是咸味物质使脂质膜在水溶液中的电位发生变化；酸味是酸味物质与脂质膜的亲水基团结合；苦味是苦味物质被脂质膜的疏水部分侵入，使离子渗透性降低。受味细胞启发科学家开发了味觉传感器。该传感器是在聚丙烯酸酯板上贴8种脂质膜作为电极，并用8根银导线引出，用多通道电极和参比电极测定此电极与各脂质膜间的电位，味物质与脂质膜作用后会改变电位，所测数据由计算机进行必要的处理和分析，用以确定味道。

③ 人们都知道贝壳很硬而又不易摔碎，于是就去研究贝壳的结构，发现它是由许多层状的碳酸钙组成的，每层碳酸钙之间夹着一层有机质，把层层碳酸钙粘在一起，见图12.3。贝壳之所以不易破碎是因为在一层碳酸钙中出现的裂纹不会扩散到其他碳酸钙层中去，而被中间那层柔软的有机质阻挡住了。

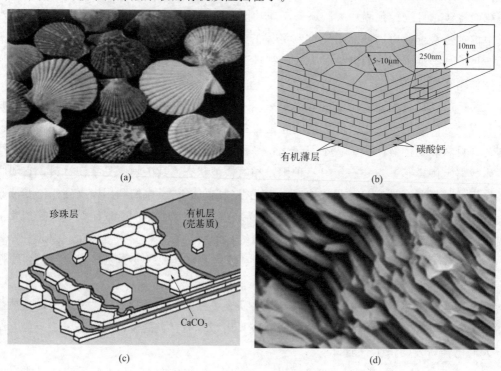

图 12.3　贝壳的智能机构

人们从中得到启示，制造出了一种不易破碎的陶瓷材料。科学家选择了碳化硅陶瓷，将其烧成薄片，然后在每片碳化硅陶瓷上涂上石墨层，再把涂有石墨层的碳化硅陶瓷层层叠起来加热挤压，使坚硬的碳化硅陶瓷黏结在石墨上，见图12.4。石墨和贝壳中的有机质一样，起着黏结剂作用。这种陶瓷材料受到冲击力时只是表面几层破碎脱落，而且表层脱落后能把大部分能量吸收，可避免整个零件破碎。试验证明，折断涂有石墨层的碳化硅陶瓷所用比没有石墨层结合的碳化硅陶瓷要高100倍。英国利用这种陶瓷材料制造了一台耐高温而不需冷却系统的陶瓷汽车发动机。可以说这是研究仿生智能材料的一个典型实例。

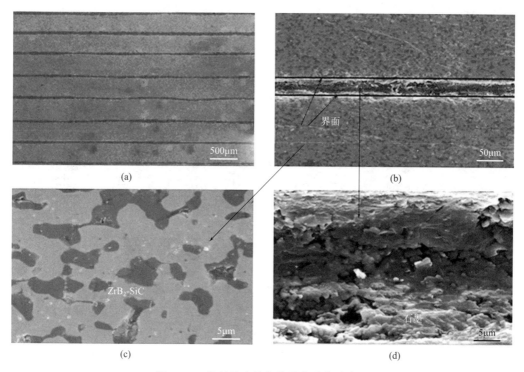

图 12.4　类似贝壳结构的层状碳化硅陶瓷

　　智能材料或仿生智能材料现已成为材料科学的一个重要研究领域，各国科学家正在为此不懈地努力。科学家研究鲸和海豚的尾鳍以及飞鸟的鸟翼，希望有朝一日能发现像尾鳍、鸟翼那样柔软，既能折叠又很结实的材料；研究竹子抗弯、抗裂的结构，试图将竹子的特性广泛用于飞机、火箭制造中。总之，未来智能材料的研究，为科学家开辟了一个充满生机和挑战的全新领域。

12.4　智能材料的应用

（1）自愈合陶瓷

　　在氮化硅陶瓷中加入少量介电常数较大的碳化钛和碳化铌等颗粒就可得到自愈合陶

瓷。自愈合机制是碳化物热膨胀系数较大，晶粒也较大，受力时材料内部的微细裂纹易沿着碳化物晶粒扩展；在微波加热时，碳化物颗粒优先被加热，温度高于周围基质氮化硅和晶界，促使碳化物颗粒向周围扩散并愈合周围的微细裂纹和孔隙。

（2）形状记忆合金

图 12.5 为形状记忆合金产生记忆的原理。其产生形状记忆的原理就是温度引起的弹性马氏体相变。形状记忆合金在高温下形成奥氏体并固定形状，降低温度并通过外力产生形变成为变形马氏体；当加热时，马氏体转变为奥氏体，重新回到原来固定的形状。

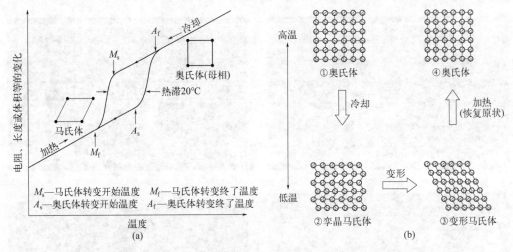

图 12.5　形状记忆合金产生记忆的原理

形状记忆合金有很多应用，首先就是作为智能材料。形状记忆合金是一种集感知和驱动双重功能为一体的材料，可广泛应用于各种自调节和控制装置，如各种智能、仿生机械等。图 12.6 是形状记忆合金用于飞行器天线的实例，用硬度和刚性非常好的镍钛合金在 40℃ 以上制成半球面的月面天线，再让天线冷却到 28℃ 以下，这时合金内部发生了结晶转变，变得非常柔软，很容易把天线折叠成小球似的一团，放进宇宙飞船的船舱里。待飞船到达月球以后，宇航员把变软的天线放在月面上，借助太阳光照射或其他热源的烘烤使环境温度超过 40℃，这时天线像一把折叠伞一样自动张开，迅速投入正常工作。

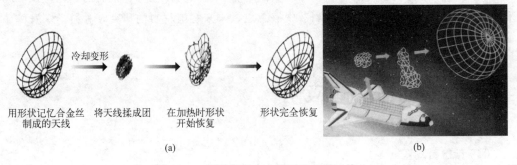

图 12.6　形状记忆合金用于飞行器天线

人类要踏上月球，就必须要攻克将月球上的信息传输回地球，再将地球上科学家的指令发送到月球的难题，即实现月球和地球之间的信息沟通。要发送和接收信息就必须在月球表面安放一个庞大的抛物线形天线。1969 年 7 月 20 日，乘坐阿波罗 11 号登月舱的宇航员阿姆斯特朗在月球上踏下了第一个人类的脚印，谛听这位勇士从月宫传回的富有哲理的声音："对我个人来说，这只是迈出的一小步；但对全人类来说，这是跨出了一大步。"阿姆斯特朗当时的图像和声音就是通过形状记忆合金制成的天线从月球传输回地面的。

形状记忆合金在工程中也有很好的应用。如 TiNi 合金管接头经过单向记忆处理，在低温下扩孔后，插入被接管，去掉保温材料，室温时内径恢复，即可实现管路紧固连接，见图 12.7。工程中常用铆钉和螺栓进行紧固，但有时候操作困难，例如在密闭真空中很难进行操作，此时就可以用形状记忆合金紧固铆钉方便地实现紧固。

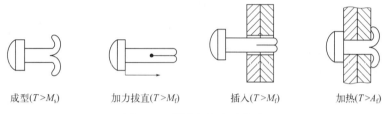

成型($T>M_s$)   加力拔直($T>M_f$)   插入($T>M_f$)   加热($T>A_f$)

图 12.7　形状记忆合金接头

用形状记忆合金制造的城市照明灯灯罩见图 12.8。两瓣金属灯罩随着灯的亮灭而逐渐张开或合上，白天，路灯熄灭，灯罩合上；傍晚，路灯亮起灯泡发热，灯罩受热而逐渐张开，灯泡显露出来。

图 12.8　形状记忆合金灯罩

用记忆合金丝混合羊毛织成毛毯后，如毛毯温度过热，它就会自动掀开一部分，适当降低温度，使人睡得更安稳。这些都是很有意思的应用。

（3）压电及电致伸缩材料

晶体的压电性是由晶体的结构对称性决定的，见图 12.9。含有对称中心的结构，施加应力时不产生极化，不具有压电性；不含对称中心的结构，在外力作用下产生极化，可能具有压电性。所以压电效应产生的条件包括：晶体结构中没有对称中心；压电体是电介质；其结构必须有带正负电荷的质点，即压电体是离子晶体或由离子团组成的分子晶体。

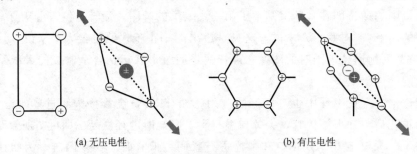

(a) 无压电性   (b) 有压电性

图 12.9   晶体的压电性

压电材料可以用作压电传感器，例如玻璃打碎报警装置，将高分子压电测振薄膜粘贴在玻璃上，它可以感受到玻璃破碎时发出的振动，并将电压信号传送给集中报警系统。压电材料也可以用作超声波传感器，将数百伏的电脉冲加到压电晶片上，使晶片发射出持续时间很短的超声波，经被测物反射回到压电晶片时，将机械振动波转换成同频率的交变电荷和电压。

压电材料还可以用作压电驱动器，把电能输入压电驱动器时，可由材料直接转变为位移或其他机械能形式。压电陶瓷微位移器应用范围很广，如用于激光腔调谐、光纤光学定位、生物工程细胞穿制、精密微定位、摄像器材快门控制等。压电陶瓷位移控制精度高，分辨率可达纳米级。

（4）变色玻璃

当作用在玻璃上的光强、光谱组成、温度、热量、电场或电流产生变化时，玻璃的光学性能将发生相应的变化，从而使其在部分或全部太阳能光谱范围内从一个高透态变为部分反射或吸收态，使玻璃发生变色反应，也可根据需要动态地控制穿透玻璃的能量。目前变色玻璃类型包括：光致变色玻璃和电致变色玻璃。

光致变色玻璃的原理为：在某些玻璃组成中添加了很细的 AgCl 微晶，当紫外线照射时，Ag^+ 还原成 Ag 原子，此时银原子团簇影响光的入射，产生深色效应；在没有紫外线照射时，Ag 原子转变为 Ag^+，银原子团簇解体，镜片褪色，见图 12.10。

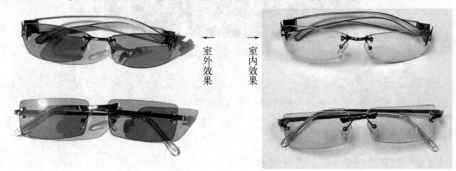

室外效果   室内效果

图 12.10   光致变色玻璃

电致变色玻璃的原理为：玻璃在电场或电流的作用下，对光的透射率和反射率发生可逆且连续可调变化，进而表现为颜色变化。电致变色玻璃由普通玻璃及沉积于玻璃上的五层薄膜材料组成，即"玻璃｜透明电极层｜电致变色层｜离子传导层｜离子储存层｜透明电极层｜玻璃"，见图12.11。正向直流电压：离子储存层中离子被抽出，通过离子导体进入电致变色层，引起变色层变色，材料的透射率减小——"着色"。反向电压：电致变色层中离子被抽出后又进入离子储存层，整个装置恢复透明原状，材料的可见光透射率增加——"漂白"。

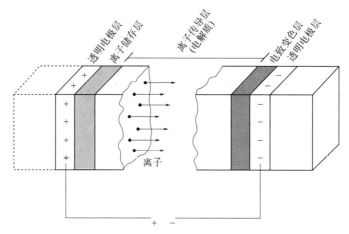

图 12.11 电致变色玻璃变色原理

以 WO_3 为电致变色层，锂聚合物为离子传导层，NiO 为对电极可制造电致变色智能窗。法拉利首款自动硬顶敞篷车，其玻璃车顶就采用了这种利用电场变化来改变颜色的电致变色技术，可对透过率进行 5 级调整。

（5）调温聚氨酯涂层织物

调温聚氨酯涂层织物兼具防水、透湿、调温功能，仿若穿着舒适的"空调织物"。其原理为聚氨酯（PU）中的聚乙二醇（PEG）是一种相变材料，选择和设计 PEG 的聚合度和含量，使 PU 中 PEG 相区的相转变温度恰好在人感觉最舒适的温度范围。当体表温度高于其熔融温度时，PEG 相变吸热，同时聚合物体积膨胀，亲水基团空间自由体积增大，透湿量增加，排热、排汗速度加快——降温、透湿；当体表温度低于其结晶温度时，PEG 链段结晶，涂层相变放热，同时封闭孔隙，亲水基团活性降低，透湿性减小——升温、保湿、挡风、保暖。由这种智能织物做成的服装可随人体和环境温度的变化发生相变，起到空调的作用，使人体始终感受到适宜的温度。

12.5 结语

人工智能引领工业 4.0 时代，社会需要智能化发展，作为社会发展的物质基础的材料将成为智能时代的支撑和引擎。智能材料是机敏材料和控制系统相结合的产物，集传感、控制和驱动三种职能于一身，是传感材料、驱动材料和控制材料（系统）的有机合成。智能材料是材料发展的最高阶段，开发新型智能材料将成为材料领域重要的任务。

思考题

1. 智能材料与功能材料相比特殊之处在哪里呢？请举例说明。

2. 你对从生命体中学习制造智能材料是如何理解的？请结合实例说明。

3. 智能材料设计的最终目标是创造人工原子，并将传感器、驱动器、处理器与结构的宏观结合变为在原子、分子层次上的微观"组装"，对于这句话你是如何理解的？

4. 形状记忆合金产生记忆功能的原理是什么？举例说明其他类型形状记忆材料及其原理。

5. 结合你对材料的认识，说明材料在推动第四次工业革命中的基础作用。

参考文献

[1] 林健. 信息材料概论. 北京：化学工业出版社，2007.

[2] 马一平，孙振平. 建筑功能材料. 上海：同济大学出版社，2014.

[3] 毕克允，林金庭，梁春广，等. 微电子技术——信息装备的精灵. 北京：国防工业出版社，2000.

[4] 孙学康，张金菊. 光纤通信技术. 北京：北京邮电大学出版社，2001.

[5] 杨永才，何国兴，马军山. 光电信息技术. 上海：东华大学出版社，2002.

[6] 雷永泉. 新能源材料. 天津：天津大学出版社，2000.

[7] Roger Osborne. 钢铁、蒸汽与资本：工业革命的起源. 曹磊 译. 北京：电子工业出版社，2016.

[8] 吴胜利，王悠留，张建良. 钢铁冶金学(冶炼部分). 北京：冶金工业出版社，2019.

[9] 吴科如，张雄. 土木工程材料. 上海：同济大学出版社，2008.

[10] 项海帆，沈祖炎，范立础. 土木工程概论. 北京：人民交通出版社，2007.

[11] 吴志强. 智能规划. 上海：上海科学技术出版社，2020.

[12] 张晏清. 建筑结构材料. 上海：同济大学出版社，2010.

[13] 陈晖. 向"白色污染"说"不" 合力共治塑料污染. 中国经济导报，2022-06-15.

[14] 刘文涛，徐冠桦，段瑞侠，等. 聚乳酸改性与应用研究综述. 包装学报，2021，13(2)：3-13.

[15] Chen Faze, Lu Yao, Liu Xin, et al. Table Salt as a Template to Prepare Reusable Porous PVDF-MWCNT Foam for Separation of Immiscible Oils/Organic Solvents and Corrosive Aqueous Solutions，Advanced Functional Materials，2017，27：1702926.

[16] Lu Yeqiang, Yuan Weizhong. Superhydrophobic/Superoleophilic and Reinforced Ethyl Cellulose Sponges for Oil/Water Separation：Synergistic Strategies of Cross-linking, Carbon Nanotube Composite, and Nanosilica Modification. ACS Appl Mater Interfaces，2017，9：29167-29176.

[17] Lu Yeqiang, Wang Yue, Liu Lejing, et al. Environmental-friendly and magnetic/silanized ethyl cellulosesponges as effective and recyclable oil-absorption materials. Carbohydrate Polymers，2017，173：422-430.

[18] Chen Guang, Peng Yingbo, Zheng Gong, et al. Polysynthetic twinned TiAl single crystals for high-temperature applications. Nature materials，2016，15：876-881.

[19] 杨艳阳. 我国航空复合材料产业发展展望. 科技与经济，2022，18：161-163.

[20] Liang Minmin, Fan Kelong, Zhou Meng, et al. H-ferritin-nanocaged doxorubicin nanoparticles specifically target and kill tumors with a single-dose injection. PANS，2014，111（41）：14900-14905.

[21] Yuan Weizhong, Zou Hui, Guo Wen, et al. Supramolecular micelles with dual temperature and redox responses for multi-controlled drug release. Polymer Chemistry，2013，4：2658-2661.

[22] Zou Hui, Yuan Weizhong. Temperature and redox-responsive magnetic complex micelles for controlled drug release. Journal of Materials Chemistry B，2015，3：260-269.

[23] Wang Rui, Yao Xueliang, Li Tingyu, et al. Reversible Thermoresponsive Hydrogel Fabricated from Natural Biopolymer for the Improvement of Critical Limb Ischemia by Controlling Release of Stem Cells. Advanced Healthcare Materials，2019，8(20)：1900967.

[24] 张世旺，马远征，杨飞，等. 抗结核药物复合支架的制备及其性能研究. 中国脊柱脊髓杂志，

2014，24(3)：266-270.

[25]　Mamlouk Michael S，Zaniewski John P. Materials for Civil and Construction Engineerings. London：Pearson Education Press，2006.

[26]　Domone Peter，Illston John. Construction Materials：Their Nature and Behaviour. Lodon：Spon Press 2010.

[27]　黄葳蕤，孙振平，庞敏，等. 上海地区外墙外保温系统工程质量问题分析与防治措施. 混凝土世界，2020(9)：62-67.

[28]　孙振平，孙远松，庞敏，等. 适合3D打印施工的超高性能混凝土研究. 新型建筑材料，2021，48(1)：1-5.

[29]　吴其胜. 新能源材料. 上海：华东理工大学出版社，2017.

[30]　廖小峰. 新能源汽车概论. 重庆：重庆大学出版社，2021.

[31]　李玉鹏，周时国，杜颖颖. 超级电容器及其在新能源汽车中的应用. 客车技术与研究，2014，2：41-44.

[32]　欧阳波仪，旷庆祥. 新能源汽车概述. 北京：北京理工大学出版社，2019.